一生三谋

善处世 巧说话 能成事

方道 / 解译

中国华侨出版社

图书在版编目（CIP）数据

一生三谋：善处事、巧说话、能办事/方道解译. —北京：中国华侨出版社，2004.2
ISBN 978-7-80120-769-2

Ⅰ. 一… Ⅱ. 方… Ⅲ. 个人修养—通俗读物 Ⅳ. B825-49

中国版本图书馆 CIP 数据核字（2003）第 127242 号

● 一生三谋：善处事、巧说话、能办事

编　　著	方　道
责任编辑	沙　子
经　　销	新华书店
开　　本	710×1000 毫米　1/16　印张 15　字数 280 千字
印　　数	5001—10000
印　　刷	北京一鑫印务有限责任公司
版　　次	2013 年 5 月第 2 版　2018 年 3 月第 2 次印刷
书　　号	ISBN 978-7-80120-769-2
定　　价	29.80 元

中国华侨出版社　　北京市朝阳区静安里 26 号通成达大厦 3 层　　邮编 100028
法律顾问：陈鹰律师事务所
编辑部：（010）64443056　　64443979
发行部：（010）64443051　　传真：64439708
网　　址：www.oveaschin.com
e-mail：oveaschin@sina.com

前 言

在本书中，我们主要讨论三个方面的问题，即一个人一生必须解决的三大问题：处世、说话和办事。

任何人都不可能孤立于世，都要与周围人发生交往，并以此为突破口，去寻求自己的人生目标。这一点不是什么大空话，而是非常现实的问题。

我们知道，每个人都希望成为他那个圈子中的顶尖人物，这不仅是欲望所致，而且是被激烈的竞争压力所迫。当然，每个人的目标战略和行动方略都是不一样的，但都与处世、说话和办事这三项基本功密不可分。美国著名成功学专家劳布在《人生修炼》一书中，把这三项基本功合称为"人生动力资源"。我们认为，是非常有道理的。

从书名可以看出我们提出"善处世"、"巧说话"和"能成事"这样三个概念，关键就是突出这三项基本功各自的特点。

所谓善处世是指：你能通过自己的眼力和能力，巧妙地经营你周围的人际关系，并且能把它处理得完美无缺。尽管完美无缺可能是一种理想状态，但只要这样去做，你就会变得得心应手。你千万不要小视处世之道，以为这是小儿科。要知道，许多大事都是从你的处世能力开始的。没有超人的处世能力，你做起事情来总会感到力不从心。因此，我们在卡耐基、拿破仑、皮鲁克斯等著名的成功学大师的著作中，都看到许多关于处世的方法，这说明：一个人必须善于处世，才能打下成功的第一块基石。

所谓巧说话就是指高超的口才表达能力。美国人类行为科学研究者汤姆士指出："说话的能力是成名的捷径。它能使人显赫，鹤立鸡群。能言善辩的人，往往使人尊敬，受人爱戴，得人拥护。它使一个人的才学充分拓展，熠熠生辉，事半功倍，业绩卓著。"他甚至断言："发生在成功人物身上的奇迹，一半是由口才创造的。"美国资产阶级革命时期著名政治家、外交家富兰克林也说过："说话和事业的进步有很大的关系。"你如出言不慎，你如无理跟别人争吵，那么，你将不可能获得别人的同情、别人的合作、别人的帮助。无数事实证明，说话水平是事业成功的重要因素之一，口语表达的好坏直接关系到事业的成败。

所谓能成事是指你能根据周围的各种条件，利用人力、物力等充分形成一个合成器，来加工自己的智慧和计划。毫无疑问，能成事是你最后行动的一个标志，直接反映你的智力和能力。这方面的例子有很多，在此不作重复。

善处世、巧说话和能成事是一个行为系统，前呼后应，首尾相连。你要想成就自己的事业，绝不能只取其一而不顾及其它，否则就会遭到败局。可举一个成功的例子：

美国新泽西州州长威尔逊，刚当选后不久，有一次赴宴，主席介绍说他是"美国未来的大总统"，这本来是对他的一种恭维和颂扬。而威尔逊又是怎样应酬的呢？首先威尔逊讲了几句开场白，之后接着说："我转述一则别人讲给我听的故事，我就像这故事中的人物。在加拿大有一群钓鱼的人，其中有位名叫约翰逊的人，他大胆地试饮某种烈酒，并且喝了很多。结果他们乘火车时，这位醉汉没乘往北的火车，而错搭往南的火车了。那群人发现后，急忙打电报给南开的列车长：'请把那叫做约翰逊的矮人送到往北开的火车上，他喝醉了。'他既不知道自己的姓名也不知道目的地是哪儿。我现在只确实知道自己的姓名，可是不能和你们的主席一样，确实知道自己的目的地是哪儿。"听众哈哈大笑。威尔逊接着又讲了一个滑稽的故事，使听众们心情非常愉快。从此，威尔逊的声名大振。

可见，威尔逊正是精于处世、巧于说话，成就了自己一生最高的事业。

本书有许多精彩之处，希望大家能够静心阅读，找到自己的成功之门——谋为人之绝道，谋说之巧策，谋事之成法。

目 录

一、善处世　以赢得人心为第一

1. 学会控制自己的情绪 ………………………………… 2
2. 融洽和睦　上下齐心 ………………………………… 5
3. 怎样与有矛盾的上司相处 …………………………… 7
4. 微笑求人　诚实可信 ………………………………… 10
5. 请求同事　动之以情 ………………………………… 13
6. 洞察同事心理 ………………………………………… 17
7. 求同学巧用激将法 …………………………………… 19
8. 努力寻找别人的优点 ………………………………… 21
9. 以平常心面对赞誉与批评 …………………………… 23
10. 学会几套交际的方法 ………………………………… 26
11. 朋友者另一己身 ……………………………………… 28
12. 弹性交友 ……………………………………………… 32
13. 责友勿太严 …………………………………………… 36

14. 丑话说在前头 …………………………………… 37
15. 妥善处理朋友间的麻烦 ………………………… 39
16. 适合别人的重大因素——魅力 ………………… 41
17. 善于改进自己 …………………………………… 45
18. 不露声色看清人 ………………………………… 47
19. 以假乱真不糊涂 ………………………………… 49
20. 防范被假象迷惑 ………………………………… 58
21. 巧用计谋获赏识 ………………………………… 59
22. 分清主次莫越权 ………………………………… 62
23. 巧妙地表现自己的策略 ………………………… 64
24. 展示才华得相助 ………………………………… 66
25. 巧妙推辞,制造人情债 ………………………… 67
26. 春风化雨,进行感情投资 ……………………… 69
27. 分忧解劳,积累友谊 …………………………… 71
28. 点旺人气的六种法则 …………………………… 73
29. 天时地利不如人和 ……………………………… 77
30. 以"善"字待人 ………………………………… 80

二、巧说话　学会让对方兴奋起来

31. 说服别人要循序渐进 …………………………… 84

32. 说服别人的四个步骤 …………………………………… 86
33. 向上司提异议的原则 …………………………………… 89
34. 制造借口,摆脱麻烦 …………………………………… 91
35. 反唇相讥的说话个性 …………………………………… 93
36. 努力使谈话有个好的开头 ……………………………… 95
37. 迂回地表达你的意愿 …………………………………… 100
38. 利用提问挖掘对方的"财富" …………………………… 102
39. 巧妙发表自己的意见 …………………………………… 103
40. 回避难以回答的问题 …………………………………… 107
41. 说得太多会变蠢 ………………………………………… 109
42. 说服对方要按方抓药 …………………………………… 110
43. 怎样有力地说服他人 …………………………………… 112
44. 巧妙施展口才"柔道术" ………………………………… 115
45. 夸奖他人的五种方法 …………………………………… 117
46. 表达谦虚的五种形式 …………………………………… 121
47. 不要随意自夸 …………………………………………… 125
48. 与"陌生人"一见如故 …………………………………… 127
49. 说话要学会绕点弯子 …………………………………… 129
50. 怎样说话让人高兴 ……………………………………… 131
51. 聊天也要有水平 ………………………………………… 133
52. 强化聊天的技巧 ………………………………………… 135
53. 成为说话高手的秘诀 …………………………………… 138
54. 让自己的语言更生动 …………………………………… 140

55. 先声夺人,占据心理优势 …………………………… 142
56. 轻松地把"不"说出口 ……………………………… 143
57. 以笑脸面对拒绝 …………………………………… 146
58. 自如地和陌生人攀谈 ……………………………… 148
59. 轻松愉快地与名人交谈 …………………………… 153
60. 得体地面对赞美 …………………………………… 156

三、能成事　每一手都极其到位

61. 从自我做起 ………………………………………… 160
62. 掌握成功工作的方法 ……………………………… 162
63. 学会及时转变自己 ………………………………… 165
64. 做一个有个性的人 ………………………………… 168
65. 让别人感受到你的存在 …………………………… 171
66. 要有积极的办事态度 ……………………………… 175
67. 与众不同者胜 ……………………………………… 178
68. 敢于肯定自己 ……………………………………… 181
69. 善于调整自我 ……………………………………… 182
70. 领头而不从众 ……………………………………… 185
71. 不要让情绪随意乱"喷" …………………………… 187
72. 有助于成功的三点提示 …………………………… 189

73. 以退为进,先在心理上满足对方 …………… 193

74. 扔掉你过多的目标 …………… 196

75. 永不放弃 …………… 199

76. 立即行动 …………… 201

77. 面对做不了的事情 …………… 203

78. 掌握顺势而变与借势跳跃 …………… 206

79. 找到属于自己的捷径 …………… 210

80. 从多项选择中挑一个最好的 …………… 215

81. 将自己所有的力量都集中于一个地方 …………… 218

82. 贪恋速成者都会跌得鼻青脸肿 …………… 222

83. 走不通的路,就立即收住脚步 …………… 227

一、善处世
　　以赢得人心为第一

1. 学会控制自己的情绪

◎ 善处世的学问

善于处世是一生的学问，关系到人生成败。当然，我们在这里要谈的第一个问题是——你要想做一个明于处世之道的人，必须要学会控制自己的情绪。

* * * * *

善于处世需要良好的心理素质是人所共知的道理，一个人是否能控制自己的情绪，使之适应不同办事儿对象、办事儿环境也很重要。

处险而不惊，遇变而不怒。如果你不能及时控制调整自己的情绪以适应办事儿的需要，那么你在今天这样复杂的群体中就没法办事儿。

学会控制自己的情感，自己的行动，这在办事儿中是很重要的。在门被砰然地关上，玻璃杯被砸碎，一阵咆哮声以后；在被人无情地冒犯之时；当我们在办事儿时犯了一些不该犯的错误之时，我们的情感如何呢？

你是否会动辄勃然大怒？你可能会认为发怒是你生活的一部分，可你是否知道这种情绪根本就无济于事？也许，你会为自己的暴躁脾气辩护说："人嘛，总会发火、生气的。"或者是"我要不把肚子里的火发出来，非得憋出溃疡病来。"

尽管如此，愤怒这一习惯行为可能连你自己也不喜欢，更别说别人了。

同其他所有情感一样，这是你思维活动的结果。它并不是无缘无故地产生的。当你遇到不合意愿的事情时，就认为事情不应该是这样的，这时开始感到灰心，尔后，便是一些冲动的相伴动作，这总是很危险的，对办事儿者来说，它并没有什么好结果可言。

痛苦的感受会侵蚀掉我们的自尊。

我们也许会在早上起床时觉得自己像是个百万富翁，但有时候，只需花一秒钟的时间，一个不赞成的、一个轻视的表示，或想起过去失败的一件事，就可以使我们一念之间觉得自己一文不值。

我们也许有洞察力，先见之明，后见之明。然而只要有人碰触到我们敏感的枢纽，或是悲剧发生，这些都会在一瞬间逃得无影无踪。这时我们的每一根纤维就会充满了感情，把所有理智的声音都淹没掉。

我们之中绝大多数人都很熟悉下面这些症状：麻木、失眠、疲倦、沮丧、叹息、太多的事要做，但没有兴趣做它们，以至做事没有条理、悲伤、失去热忱、寂寞和空虚。

令人感到欣喜的是，虽然我们不能防止坏的感受来临，但我们却能阻止它们停留下来。

《你的误区》作者韦恩·戴埃说："你应对自己的情感负责。你的情感是随思想而产生的，那么，你只要愿意，便可以改变对任何事物的看法。

首先，你应该想想：精神不快、情绪低沉或悲观痛苦到底有什么好处？尔后，你可以认真分析导致这些消极情感的各种思想。"

一位演讲人站在一群嗜酒者面前，决心向他们清楚地表明，酒是一种绝无仅有的邪恶之源。

在讲台上摆着两个相同的盛有透明液体的容器。演讲人声明一个容器中盛有清水，而另一个容器则装满了纯酒精。

他将一只小虫子放入第一个容器，在大家的注视下，小虫子游动着，一直游到了容器边上，然后径直爬到了玻璃的上沿。这时他又拿起这只小虫子，将它放入盛有酒精的容器。大家眼看着小虫子慢慢死掉了。

从上面这个例子可以看出：在我们办事的过程，愤怒、沮丧就像酒一样，它可以使我们即将要办的事儿功亏一篑。

我们可以这样设想：当一个人无意中触痛了你的敏感之处，你就不加思索地乱喊乱叫，人家对你的印象还会好吗？当人家同意你的一个问题时，你就高兴得张牙舞爪，他们对你的印象也还会好吗？——也许他们认为你太幼稚了。

麦克科迈克说过这样一个例子：一个星期六的上午，他去会见 S&S 公司主管。约见地点是他的办公室。主人事先说明谈话会被打断 20 分钟，因为他约了一个房地产经纪人。他们之间关于该公司迁入新办公室的合同就差签字了。

由于只是个签字的手续，主人允许麦克科迈克在场。

这位房地产经纪人带来了平面图和预算，很明显已经说服了他的顾客，就在这稳操胜券的时候，他做下一件蠢事。

这位房地产经纪人最近刚刚与 S&S 公司主管的主要竞争对手签了租房合同。他大概是兴奋，仍然陶醉在自己的成功之中，开始详细描述那笔买卖是如何做成的，接着赞美那个"竞争对手"的优秀之处，称赞其有眼力，很明智地租用了他的房产。麦克科迈克猜想接下去他就要恭维这位公司主管也做出了同样的决策。

公司主管站了起来，谢谢他做了这么多介绍，然后说他暂时还不想搬家。

房地产商一下子傻眼了。当他走到门口时，主管在后面说："顺便提一下，我们公司的工作最近有一些创意，形势很好，不过这可不是踩着别人的脚印走出来的。"

房地产经纪人在关键时刻忘了对方，只顾着欣赏自己已取得的推销成果，而忽略买方也有其做出正确抉择的骄傲。

可见，学会控制自己的感情行动，这在处世中是很重要的。当你在被人无情地侮辱之后，你是否会动辄勃然大怒？你可能会为自己开脱认为发怒是生活的一部分，甚至会为自己的暴躁脾气辩护："我要不发火，非得憋出病来。"尽管如此，可能你自己也不喜欢生气这种行为，更何况别人呢？

应当牢记的善处世之道：

因此，不论在与人交往的过程中发生了什么不如意的事，都不要轻易发作，一旦你发做出来，无论对人对己，都不会有好结果。所以要控制你的情感！也许这对绝大多数人来说不那么容易，但我们却有必要这样做，因为这是你处世成功的必要心理基础。

2. 融洽和睦　上下齐心

◎ 善处世的学问

融洽的上下级关系从何而来？有时候靠施以小恩小惠不一定奏效，更不能靠每一个下属主动上门去和你套近乎，拉关系。如果真有人主动上门的话，那也是抱着某种目的想利用你。而你作为一名领导，也决不能只与极个别或极少数人搞好关系，你的目的应是与你的所有下属关系融洽。这样，当你遇到需要办的事，才能真正有人主动请缨，帮你办好。那么，究竟如何才能与自己所有的下属都搞好融洽的关系呢？

* * * * * *

这里，你首先要做到公正、平等。人，是有自尊心的，尽管技术上、水平上有所差别。但大家谁也没有人格上的差别，作为领导，你必须用公正、平等的目光看待你的每一个下属，决不能对任何人有偏颇之

5

心。这里需要强调的是，不仅仅是你将每一下属放在平等的地位上，你也要把自己和下属放在平等的地位上。

那种在下属面前趾高气扬，藐视下属，把自己看得高人一等的领导，决不是一个合格的领导，其在下属心目中的地位决不会高到哪儿去。

而那些平等对待每一名下属，尊重下属的人格，与下属感情相通的领导才是一个真正合格的领导。他的威信会自然而然地在下属的心中建立起来。

领导对于下属，不仅仅是在工作上的领导，要想把你的事业干好，要想下属在你需要他的时候积极地为你办事，在工作之外，在下属的生活方面，你也应该给予他们一定的关爱。特别是下属碰到什么特殊的困难，如意外事故、家庭问题、重大疾病、婚丧大事等等，作为领导，在这种时候，伸出温暖的手那真可谓雪中送炭。这时候，下属会对你产生一种刻骨铭心的感激之情。并且，他会时时刻刻想着要报效于你，时时刻刻像一名鼓足劲的运动员，只等你需要他效力的发令枪一响，他就会冲向前去。这就是所谓的"雪中送炭"比"锦上添花"更有价值的含义所在。

应当牢记的善处世之道：

如果领导认为下属为自己办事理所当然而不去融洽关系，只是一味地命令、要求，那他要办的事只能是暂时的，肯定无法长久。这一点作为领导者都应记取。

3. 怎样与有矛盾的上司相处

◎ 善处世的学问

在工作中我们常常会遇到这种情况，过去有过摩擦的同事忽然一天成了你的领导，解决这个难题的最好办法当然是调离。但调动工作岗位在机关来说不是一件易事，你正确的选择应该是与之调整关系。

* * * * * *

你可以主动表示友善，将表面距离拉近，在任何情况下，对方都应该做出高姿态。这样，你与之关系不好的事实就被掩盖起来了，以防同事利用此矛盾对你进行排挤，同时你要记住，最好在其他同事面前少提你俩过去的关系，避免风言风语，有关两人的龃龉更不该重提。不妨在人前人后多赞赏他的好处，表示你的大度和友谊。

当他因某事大发雷霆，但这事与你没半点儿关系，最好别花时间去了解，将麻烦留给别人好了，有人找你评个公道，淡淡地说："事情的始末我不清楚，妄下断语，不好吧！"当然，茶余饭后，有人提及，你同样只宜做听众，切莫提意见。

这样，来者不会怪你，连那位老兄也不会听到你任何评语，对你自然不会有"新仇"。

要是事件与你有直接关系，最好采用低姿态，对方暴跳如雷的，就让他发泄，切忌与他对骂，而且要避免直接与他摊牌。

要做报告的话，只将事情始末以白纸黑字呈报领导，所有是与非就由他去裁决。但有风度的你，在事后也应保持缄默，或者索性忘却整件事，只记取对方的弱点就够了。

既然受到冷遇已成为一个事实，最高明的办法莫过于坦然地接受它，并努力使自己的心态做到平和，不但不为逆境所困扰，而且还能化不利为有利，使自己的精神永远不能被打败。

调整心态是重要的，它决非是一时的权宜之计，更是今后建功立业不可或缺的修行。失意会给你一个使你变得更加坚强的机会，而这种坚强又是一个人事业有成的重要因素之一。

受领导的冷落，并不意味着你的一生都失去了发展的机会，若想到这一点，你就应为迎接这种机遇而做好最充分的准备。而最好的准备莫过于武装自己，充实自己，增长自己的才干。

而有的时候，你不能得宠，可能确实是因为你的工作能力不佳，不能够胜任领导分派的工作，或不能与领导形成心有灵犀的默契关系。此时，你就更应该为自己补补课了。

在受人冷遇的日子里，你可以从繁忙沉重的工作负担中解脱出来，拥有一片闲适的自由空间。在此期间，你可去上夜大，考取一项职称、读读史书或者去完成一项你思虑已久却没空去做的任务。只要你不颓废，不绝望，用心去做，你会收获非常多的东西。

美国前总统尼克松曾两次竞选失败，但他并未因此而气馁。在经受失败煎熬，得不到权力中心重视的日子里，他认真总结了自己的经验，并积极展开各种政治交往活动，最终登上了总统的宝座。另一位美国前总统曾评价说："在美国历史上没有一个人为了履行总统职责曾经做过这样周到的准备。"

有许多的时候，领导冷落某一个下属，是因为他不大了解这个人，不能深入地知道下属的才干，或者对下属的忠诚没有把握。因此，在你尚未得到重视之前，是很难得到领导的重用的。很多时候，这就是下属被上级冷落的一个原因。

属于这种情况的，下属就应该采取主动措施加强与领导的沟通和接触,或者注意提高自己的知名度。有意识地去寻找与领导交流的机会:请教一个问题、提出一个建议、与领导聊天……。同时,你不妨在某一领域一显身手,如跳舞、书法、写作,从而引起领导的注意。甚至你可以通过增加在领导面前出现的频率来增加他对你的印象和兴趣,从而为交流奠定某种心理基础。

当你确实有能力,却又得不到青睐,怎么办?在目前这种竞争激烈的环境下,对有些人来说,等待的代价似乎太大了。此时,你就不妨开动一下脑筋,运用智慧和技巧,借以提高自己的重要性,使领导不敢或不能忽视你。

当然,如何用谋、采取何种技巧必须要因时因势而定,这取决于你的人际关系的力量、你的能力与特长以及你所遇到的机遇,这里并不存在一成不变的模式。但是,学会与领导斗智,有时的确会让你受益匪浅。

在现代社会,"酒香不怕巷子深"的时代早已过去,下属必须学会推销自己的技巧,使自己的重要价值被领导重视,从而使自己走出事业的低谷,获得领导的青睐与赏识,在人生盛年做出一番成就来。

有些人被领导冷落,其实是因为他选错了职业或位置,因而使自己的才干不能发挥出来,导致"英雄无用武之地",自身的价值得不到领导的赏识。还有些时候,是因为单位里人才济济,存在着太强的竞争对手,使你的才干无法显现。当然,在某些不正常的情况下,可能是因为你所在的单位在人事任用方面存在着"任人唯亲"、不重视才能等问题,这样,许多人才便不被领导重视或不能见容于领导,因而倍受冷遇。

遇到这些比较艰难的情况,与其在这里空耗时间和精力,倒不如抽身而去,到那些更能发挥自己的才能、更需要你才干的部门或职位去。毕竟,在现代社会里,年轻也是一种资本,时光流逝,强手如林,我们正应该在年富力强之时努力做出点成绩来,否则,时不我待,悔之晚矣。

固然由于种种现实因素的制约，调整是有代价的，不免带来阵痛。但是，它也会给你带来新生。在这里借用一句马克思的名言，"你失去的只是枷锁，而得到的却是整个世界。"

应当牢记的善处世之道：

主动化解，对自己要求更加严格一点，尽量在工作上不给领导留下贬低你的机会。同时，冤家易结不易解，你要放弃过去谁是谁非的概念，主动邀请或通过朋友请领导吃一顿饭，交流一下感情，口中不说，人人心里有数，一切从零开始，而不要从负数开始。这是解决这个难题的基本原则。

4. 微笑求人　诚实可信

◎ **善处世的学问**

在与对方接触前，人们大都会根据对方的职业和社会地位即对方的**身份产生相应的期望**。

* * * * * *

比如对方是政治家，就会推测他一定喜欢高谈阔论；对方是推销员，则会反复强调自己推销的产品如何性能优良。但通过接触，当对方出乎意料地表现出高于你期望以上的言行举止时，如政治家坐在自家的花园里津津有味地读书，推销员对你说他的产品也有某个缺点时，你会产生他比其他同类人更诚实的感觉，因而对他产生很强的信赖感。因此，平常给同事留下诚实可信的印象，这样有利于以后求其办事。如何留下诚实可信的好印象呢？

首先，是微笑。在纽约的一次宴会上，宾客中有一位继承了一大笔遗产的妇女，她渴望给所有人留下美好的印象。她拿自己的财产买貂皮、钻石和珠宝，把自己装扮的雍容华贵，但她不注意自己脸部易于激动和自私的表情。她不懂得每个男人都清楚：妇女的脸部表情比她的服饰更重要。

行动比语言更富有表现力，而微笑似乎在说："我喜欢您，您使我幸福，我高兴看见您。"装出来的笑容只能使人感到痛苦。而真诚的微笑——使人感到温暖的微笑，发自内心的微笑则能给人留下好的印象。

纽约一家大商店的负责人说：一个没有毕业的然而带有甜蜜微笑的姑娘能很快被雇用，而一个愁眉苦脸的哲学博士却困难得多。

如果你心里不想笑，那怎么办？首先必须迫使自己笑。如果就你一个人，那就先开始吹吹口哨或哼哼歌曲。用这种方法控制自己，仿佛你很幸福，于是你就真觉得自己是幸福的人了。19世纪末20世纪初美国著名的心理学家、哈佛大学教授詹姆斯说过："似乎行动随感情而生，其实行动和感情是互相联系的。在很大程度上控制行动的是意志而不是感情，我们可以间接地调节非意志决定的感情。那么，为使人感到精神振作，你必须表现出精神振作的样子。"

如果你按照上面方法做了，你将永远受到热情接待。

其次，是对别人感兴趣。一个对周围的人真诚而感兴趣的人，他两个月结交的朋友比另一个力求使周围的人对他感兴趣的人两年结交的朋友还要多。

不过，我们知道有一些人一生都在努力使别人对他感兴趣，而他们自己对谁也没表示过任何兴趣。当然，这不会有什么结果。人们对你和我都不感兴趣。他们首先对他们自己感兴趣。

纽约电话公司为调查人的通话中使用次数最多的是哪个词，详细调查了人们的通话内容。你猜对了，这个词是人称代词"我"。"我"字

11

在500次电话通话中使用了3900次。"我","我""我""我"……

在你看你与别人的合影照的时候,你首先看的是哪个人?

如果你认为人们对您感兴趣,那你回答下面这个问题:"假如你今天晚上死掉,有几个人来参加你的葬礼?"

如果你对别人不感兴趣,为什么别人要对你感兴趣?如果我们只努力使人们对我们感兴趣,那我们任何时候也找不到真正真诚的朋友。真正的朋友不是只关心自己的人。

著名的魔术师霍瓦特·土斯顿,40年里他走遍了全球。他的魔术令观众目瞪口呆,6000万观众看过他表演,他挣了近200万美元。

当有人请求土斯顿披露他成功的秘密时,他说,魔术书有上百种,人们读的书并不比他少。但是,土斯顿有两个常人没有的优势:第一,他善于在台上表演。他是一个技艺非凡的演员,深知人的本性。每一个手势、语调、微笑都经过了详细的研究。第二,土斯顿对人们真正感兴趣。很多魔术师看着观众,心里自言自语:"来的都是些头脑简单的人。我随便玩弄他们。"土斯顿完全持另一种观点。他每次出场,用他自己的话讲,都这样对自己说:"我感谢这些来看我演出的人。靠他们的帮助,我的生活才有了保障。我应尽量为他们表演好。"

当你求同事办事时,同样要表现出真诚,对所求的问题实事求是,不言过其实。人们大都有过这样的经验,在买东西时,对高声叫卖、大力宣传自己物品最好的商人,总是抱有疑问的态度,轻易不敢买他的东西,生怕上当受骗,而提供真实可靠的信息,正视自己的短处,就可能打消被劝说者的怀疑态度,缩短两者之间的心理距离,使结果比较满意。同事之间,如果能直言不讳,说出自己的困难,要比含糊其辞好的多,这样,同事根据自己的情况认为能够帮忙,一定会鼎力相助。

香港一家药品公司在国内报纸上登了一则药品广告,以这么一句话结尾:"当然,大病还得看医生。"乍一看,这句话近似废话,甚至还有自揭短之嫌，然而他却能在消费者心理上起到意想不到的作用。这则广告说的是实话，因为这句话告诉人们，此药的疗效范围是有限的，或者说，我的药有很强的针对性，并不是包治百病的灵丹妙药。所以这句话符合药物的特点和实际情况，具有很强的真实感，因而能够赢得人们的信任。

应当牢记的善处世之道：

求同事办事，不可不笑，不能不诚。

5. 请求同事　动之以情

◎ 善处世的学问

请求同事办事，要把握好恰当的时机，对方时间宽裕、心情舒畅时，请求他做点事得到答应的可能性很大；相反，对方心境不佳时，你的请求可能只会令他心烦；对方正忙于某项事情时，你提出请求一般很难得到确定的答复。因此要适应对方心理的需求而提出诚恳的请求，利用情义打动同事，这是你办事取得成功的一个很重要的办法。

* * * * *

某机关接到上级分配的植树任务，机关几十名同志都主动承担一些任务，惟有几位"老调皮"，任凭主任怎么在政治上动员都不愿认领任务，搞得主任很难堪。

下班后主任把这几位"老调皮"叫到办公室，轻声地说："我只讲最后一遍，我现在很为难，请你们帮个忙。"奇怪刚才态度很强硬的几个"捣蛋鬼"听了这句语重心长的话，纷纷表示："主任，我们不会让你为难了！"说完立即回去认领自己的那份任务。

一句充满人情味的请求话，比通盘大道理更有说服力，看来人还是比较重情义的。主任用请求的话打动了他们，让这几位"老调皮"觉得：主任看得起咱，怎么能不给面子呢？

托同事办事也是一样，求同事办事时态度一定要诚恳，要动之以情，晓之以义。

需将事情的前因后果、利害关系说个清清楚楚。要说明为什么自己不办或办不了而去找他办。总之，由于同事对你了解得十分清楚，知根知底，因此托同事办事，态度越诚恳越好。你的态度越诚恳，同事也就越不可能拒绝你。另外托同事办的事，一般还应有一个明确的目标，成则成，不成则不成，这样的话同事也比较有的放矢。不要托同事办一些目的不明确、比较笼统的事。应该托同事办一些难度不大、目标明确、效果显著的事，也有利于你向他致谢。

同事之间，关系微妙，个性相差很大；同事之间，只有以诚相交，才有可能在关键时帮得上你。

人的个性千差万别，有的含蓄、深沉，有的活泼、随和，有的坦率、耿直。含蓄、深沉者可以表现出朴实、端庄的美，活泼、随和者可以表现出热诚、活泼的美，坦率、耿直者也有透明、纯真之美。人生纯朴的美是多姿多彩的。在各种美的个性之中，有一种共同的品性，那就是真诚。

真诚的基本要求是不说谎，不欺骗对方，但在复杂的社会和人生活动中，目的和手段要有一定的区别。医生为了减轻病人的痛苦，以利于治病救人，往往向病人隐瞒病情，编造一套谎话给病人。这样才能使病人早日康复。它表现的不是虚伪，而是更高、更深层的真诚，是出于高度的社会责任感的真诚。只有智慧、德性和能力达到高度统一的人，才能表现出这种深层次的真诚美。

情与义就是一种真诚，同事相交需要真诚！

日本大企业家小池曾说过："做人就像做生意一样，第一要诀就是诚实。诚实就像树木的根，如果没有根，树木就别想有生命了。"

这段话也可以说概括了小池成功的经验。

小池出身贫寒，20岁时就替一家机器公司当推销员。有一个时期，他推销机器非常顺利，半个月内就跟33位顾客做成了生意。之后，他发现他们卖的机器比别的公司生产的同样性能的机器昂贵。他想，同他订约的客户如果知道了，一定会对他的信用产生怀疑。于是深感不安的小池立即带着订约书和订金，整整花了3天的时间，逐户逐户去找客户。然后老老实实向客户说明，他所卖的机器比别家的机器昂贵，为此请他们废弃契约。

这种诚实的作法使每个订户都深受感动。结果，33人中没有一个与小池废约，反而加深了对小池的信赖和敬佩。

诚实真是具有惊人的魔力，它像磁石一般具有强大的吸引力。其后，人们就像小铁片被磁石吸引似的，纷纷前来他的店购买东西或向他订购机器，这样没多久，小池就成为"钞票满天飞"的人了。

日本专门研究社会关系的谷子博士有一次说："大多数人选择朋友都是以对方是否出于真情而决定的。"他说有一个富翁为了测验别人对他是否真诚，就伪装患重病住进医院。

结果，那富翁说："很多人来看我，但我看出其中许多人都是希望分配我的遗产而来的。特别是我的亲人。"

谷子博士问他："你的朋友也来看你吗？"

"经常和我有来往的朋友都来了，但我知道他们不过是当作一种例行的应酬罢了。"

"还有几个平素和我不睦的人也来了，但我知道他们只是乐于听到我病重，所以幸灾乐祸地来看我。"

照他的说法，他测验的结果或许是：根本没有一个人在"真诚"

方面及格。

谷子博士就告诉他:"我们为什么苦于测验别人对自己真诚?测验一下自己对别人是否真诚,岂不更可靠?"

与其试探别人的忠诚,不如问问自己的忠诚。因为我们都有一种莫名其妙的思想,总是希望别人为自己赴汤蹈火,而自己对别人则样样三思而后行。这样的思想确实要不得。

请求同事帮助时,应当带着深情厚义的诚恳态度。

向别人提出请求,无论请求别人干什么,都应当"请"字当头,即使是在自己家里,当你需要家人为你做什么事时,也应当多用"请"字。向别人提出较重大的请求时,还应当把握恰当的时机。比如,对方正在聚精会神地思考问题或操作实验,对方正遇到麻烦或心情比较沉重时,最好不要去打扰他。如果,你的请求一旦遭到别人的拒绝,也应当表示理解,而不能强人所难,更不能给人脸色看,不能让人觉得自己无礼。

请求同事,还要端正态度,注意语气,虽然请求时无须低声下气,但也绝不能居高临下,态度傲慢,非得别人答应不可,而应当语气诚恳,平等对待,要有协商的语气,如"劳驾,让我过一下,行吗?""对不起,请别抽烟,好吗?""什么时候有空跟我打打球,怎么样?"同时,还要体谅对方的心理。"我知道这事对您来说不好办;但我实在没有办法,只好难为您了。"

应当牢记的善处世之道:

当有客观原因,你的同事不能答应请求时,你不要抱怨、愤怒甚至是恶语相加,你还得还礼道谢:"谢谢你!""没关系!我可以找找别人。""没事,你忙你的去吧!"这样你的同事在有条件的情况下肯定会鼎力相助。如果你不能体谅对方,甚至对同事施以抱怨,这等于堵死了再次向同事提出请求的通路。

6. 洞察同事心理

◎ 善处世的学问

你想求同事办事，就得揣摩对方的心理，看对方愿不愿意帮你，能帮到什么程度，假如对方根本无法完成此任务，你求他也是白求。

* * * * *

通过对方无意中显示出来的态度及姿态，了解他的心理，有时能捕捉到比语言表露更真实、更微妙的思想。

例如，对方抱着胳膊，表示在思考问题；抱着头，表明一筹莫展；低头走路、步履沉重，说明他心灰气馁；昂首挺胸，高声交谈，是自信的流露；女性一言不发，揉搓手帕，说明她心中有话，却不知从何说起；真正自信而有实力的人，反而会探身谦虚地听取别人讲话；抖动双腿常常是内心不安、苦思对策的举动，若是轻微颤动，就可能是心情悠闲的表现。

当然，对拜托对象的了解，不能停留在静观默察上，还应主动侦察，采用一定的侦察对策，去激发对方的情绪，才能够迅速准确地把握对方的思想脉络和动态，从而顺其思路进行引导，这样的会谈易于成功。

针对不同的办事对象谈话或拜托应注意以下差异：

①性别差异。男性需要采取较强有力的劝说语言；女性则可以温和一些。

②年龄差异。对年轻人应采用煽动的语言；对中年人应讲明利害，供他们斟酌；对老年人应以商量的口吻，尽量表示尊重的态度。

③地域差异。生活在不同地域的人，所采用的劝说方式也应有所差别。如对我国北方人，可采用较粗犷的态度；对南方人，则应细腻一些。

④职业差异。要运用与对方所掌握的专业知识关联较紧密的语言与之交谈，对方对你的信任感就会大大增强。

对不同类型的人说不同的话，才能达到最好的办事效果。

此外，求同事办事要看对方的层次。埋头做事者常常是事业心很强或对某事很感兴趣的人，一旦开始做事，便全身心投入，不愿再见他人。这种人往往惜时如金，爱时如命，铁面无情。要敲开这种人的门，首先不要怕碰"钉子"，还要有足够的耐性，并且要善于区分不同情况，或硬缠或软磨，直至达到目的。

毕加索之子小科劳德的母亲弗朗索瓦兹·吉洛特十分爱好绘画，一入画室便不容有人打扰。一次她正在作画，儿子想让妈妈带他去玩，便敲响了门，可吉洛特已全身心投入到绘画上，听到敲门声和儿子的喊声，只是回应了一声"嗳"，仍旧埋头作画。停了一会，门还没开，儿子又说："妈妈，我爱你。"可得到的回应也只是："我也爱你呀，我的宝贝儿。"门还是没开。儿子又说："我喜欢你的画，妈妈。"

吉洛特高兴了，她答道："谢谢！我的心肝，你真是个小天使。"可仍旧不去开门。儿子又说道："妈妈，你画得太美了。"吉洛特停下笔，但没有说话，也没有动。儿子又说道："妈妈，你画得比爸爸好。"

吉洛特的画当然不会比丈夫——绘画艺术大师毕加索画得更好，但儿子的话却句句说到了她的心里，她也从儿子那夸大的评价中感到了儿子的迫切心情，所以最终还是把门打开了。

一个善于求人的人，一定很注重礼貌，用词考究，不致说出不合时宜的话，因为他知道不得体的言辞往往会伤害别人，即使事后想再弥补也来不及了。相反地，如果你的举止很稳重，态度很温和，言词中肯动听，双方自然就能谈得投机，来办的事自然也易办成。

所以为了要使对方对你产生好感，必须言语和善，讲话前先斟酌思量，不要想到什么说什么，这样引起别人皱眉头自己还不知道为什么。那些心直口快的朋友平时要多培养一下自己的深思慎言作风，切不可不看周围是何处脱口而出，那样会影响到自身的形象。

既然要托人办事，大多是因为工作生活出现了困难和危机，比如家人生病、婚姻不睦、事业不顺等等，这些因素都会使人心力交瘁，丧失信心，不仅影响情绪，而且影响和周围人的交往。在处于情绪低潮时，请求别人能寄予关怀，伸出援助之手。但千万记住，不要把过度沮丧的情绪带到别人的面前。托人办事，总是一副哭丧脸，会使人感到晦气。

当你要诱导同事去做一些很容易的事情时，先得给他一点小胜利。当你要诱导同事做一件重大的事情时，你最好给他一个强烈刺激，使他对做这件事有一个要求成功的希求。在此情形下，他的自尊心被激起来了，他已经被一种渴望成功的意识刺激着了，于是，他就会很高兴地为了愉快的经验再尝试一下了。

应当牢记的善处世之道：

总之，要引起同事对你的计划的热心参与，必须诱导他们尝试一下，而这首先要从揣摸清楚同事的心理入手，然后再量体裁衣，选好时机和话题，逐步引导到你想求办的事情上来。

7. 求同学巧用激将法

◎ 善处世的学问

激将法也是一种说服人的技巧。使用激将法往往能够使被说服者感情冲动，从而去做一件他在平常情况下——比如请求他或同他商量——可能不会去做的事；激将者还可以激起对手的愤怒感、羞耻感、自尊感、嫉妒感或羡慕感等等，在这种情况下，处于激动之中的对象是想不到怎样上了激将者的当的。

※　※　※　※　※　※

唐天□年间，叛臣朱全忠用计诱骗五路兵马反驻守太原的唐晋王李克。叛军中有一员猛将高思继异常勇猛，且善用飞刀，百步取人，后来被晋王李克的十三太保李存孝生擒。本意留他在帐前听用，可高思继却执意要回山东老家过"苦身三顷地，付手一张犁"的田园生活，以此改恶从善。后来，李存孝被奸臣康立君、李存倍所害。朱全忠闻李存孝已死，又发兵来犯，其帐前王彦章不仅勇猛盖世，且智谋过人。晋王将士皆哑然相对，无人请战，晋王见状，痛哭一场。还是长子李嗣源说道："昔日降将高思继闲居山东郓州，何不请他迎敌？"晋王闻言大喜，遂命李嗣源前往山东求将。

李嗣源来到山东农村，直奔高家庄寻高思继。提起前事，高思继说道："自勇南公存孝擒我，饶了性命，回到老家，'苦身三顷地'，与世无争，今已数年，早把兵家争战之事置之身外。今日相见，别谈这些。"李嗣源见高思继已无相从出山之意。心想，自古道：文官言之，武将激之。对高将军好言相求，难以收效，必须巧用激将之法，激其就范。于是，编出一通谎言，说道："天下王位，各镇诸侯，皆闻将军之名，如雷贯耳，称羡不已。我与王彦章交兵被他赶下阵来，我对王彦章说：'今来赶我，不足为奇，你如是好汉，且暂时停战，我知道山东浑铁枪白马高思继，盖世英杰，有万夫莫当之勇。待我请来，与你对敌。'王彦章见我阵前夸耀将军，愤然大叫：'就此停战，待你去请他来，不来便罢，若到我这宝鸡山来，看我不把他剁成肉酱！……'"高思继经此一说，不禁激得心头起火，口中生烟，大叫家丁："快备白龙马来，待我去生擒此贼！"遂披挂上马，辞家出山，望宝鸡山飞驰而去。

高思继和李嗣源快马加鞭，日夜兼程，赶到唐营，不但唐晋王喜出外望，三军将士亦是异常振奋。第二天，王彦章又来挑战，唐晋王引高思继出马迎战，高思继与王彦章厮杀起来，连斗三百回合，难分胜负，直战到天黑，双方见天色已晚，才鸣金收军。这次战个平手，但却是唐营军民出师以来的第一次，军威大振，信心大增，个个摩拳擦掌，准备来日再战。

高思继本来已经看破沙场红尘，决心弃武从耕，安度田园生活。李家虽对他有再生之恩，但正面动员出山，重返军旅时，他却以"与世无争"相拒。然而，当李嗣源借用谎言激他时，他却毅然披挂上马，重返战场，一斗就是三百回合。可见，激将励志确是游说的一个重要手段。

应当牢记的善处世之道：

同学之间，血气方刚，好感情用事，如果求同学办事时，摸透其心理，不妨采用一下激将战法，他可能动用他所有关系，尽力帮你把事办好，以显示其威力。

8. 努力寻找别人的优点

◎ 善处世的学问

善于处世的人都想把自己变成一个明白人，例如，努力寻找别人的优点，以便向别人学习，改变喜欢批评别人的习惯。

* * * * * * *

能看到别人的优点不是为了别人，实际上也是为了自己。寻找别人的缺点进行批评，自己不仅不会有愉快的心情，反而会使自己心情烦躁。对别人持有批评的态度，有时是自己忌妒别人。因为你忌妒人家，所以会专找别人的缺点和不足，以平衡自己的忌妒心理，岂不知被批评的一方察觉不到你的批评，反而使批评者本人心情郁闷、烦躁不安。

稍微改变一下自己的视点，努力寻找别人的优点，对自己的身心健康非常有益。如果能多关注别人的优点，对别人持批评态度的倾向和烦躁的心情就会随之消失，就能得以心情舒畅地工作和生活。

同样是八小时在公司中工作，比起与上司、前辈、同僚、晚辈或其他部门的人相互仇视地工作，和别人友好相处地工作心情要舒畅、愉快得多。工作的效率和疲劳程度，在人际关系和谐融洽的和"相互仇视"的两种氛围中会截然不同。人际关系和谐融洽，工作效率自然会提高，也不会感觉身心疲惫。相反，在相互仇视的氛围中工作，工作效率自然会下降，本人也会感觉身心极其疲惫。

从这种意义上讲，对别人持有批评倾向的人应该努力从批评别人的阴影中摆脱出来。

经常能听到有些前辈抱怨："他从来不跟我打招呼。"当然，晚辈不主动向前辈打招呼是晚辈的不好。可是，晚辈也许有晚辈自己的理由。作为前辈如果能主动向晚辈打招呼，问声："早上好！"将会怎样呢？那晚辈以后会主动向你打招呼、问好的。批评别人、发些牢骚不但什么问题也不能解决，反而使自己的心情越发不愉快、越发烦躁郁闷。一旦因为什么事，烦躁郁闷的心情爆发出来，你与对方的关系就会很紧张、很尴尬。所以，应该胸襟宽广一些、豁达一些，自己先迈出一步。自己能积极主动和对方打招呼，烦闷抑郁的心情就会消失，心情就会轻松愉快起来，工作也会顺心如意，每天都有一个好心情。

应当牢记的善处世之道：

只有具备向别人学习的心理，才能减少总爱批评别人的习惯。

9. 以平常心面对赞誉与批评

◎ **善处世的学问**

常人总是讨厌听批评指责的话，讨厌听不满自己的话，讨厌听指出自己失误的话。不论这些话是当面听到还是背后听到，也不论这些话是真的还是假的，也不管说这些话的人是诚心善意的还是有意中伤的都讨厌，都不愿听到。他们如果是这些话的直接发出者你会讨厌他，恨他，甚至可能恨他一辈子。他如果是这些话的转述者，你也可能讨厌他、恨他，认为他是赞同这些话的。听到这些话总觉得逆耳，心中不愉快，脸上挂不住。

* * * * * *

殊不知这正是常人常犯的一种错误，一种由心理脆弱或无自知之明，或追求虚荣所导致的一种错误。

面对批评和赞扬，人们近乎本能地拒绝前者而喜欢后者。这除了可能是批评者缺乏批评艺术的原因外，更主要的是批评和赞扬的本身会使人产生两种相反的心理反应。当一个人受到批评时，往往会觉得丢脸、难堪、悲伤、恼火而生气，而在得到赞扬时，会有振作、兴奋、自豪、惬意、快乐的感受。因此，人们一般不会认为挨批评是件舒服的事。

一个人为了维护自己的面子和自尊，或担心缺点和错误被人看穿，影响自己的成功和发展，常常就会有意无意地以种种方式来拒绝，逃避批评，很少有人会真正地把批评看作是针对自己的行为而不是人格。即使是"忠言"，听起来也"逆耳"。

从理智上说，没有多少人不懂得"人无完人"的道理，也没有多少人不知道对待批评应本着"有则改之，无则加勉"的态度。平时，我们不难听到或看到人家使用"欢迎批评"一类的词语，甚至自己也不止一次地用过。但实际上，一旦有人果真提出批评时，受批评者往往就会像遭到电击一样立即缩回，采取拒绝、逃避的形式为自己辩护。

这种经历的体验，你、我、他大概都不陌生吧！面对批评，人们脑子里首先想到的多半不是自己的过错，而是"大家跟我差不多，你为什么单和我过不去"；"你不拿镜子照照自己，有什么权利批评我"；"我哪里得罪了你，你何必这样"；"你无情，别怪我无义"等一类的反应。

因此，如果批评者是你的上司，你即使不便顶撞几句，也可能耿耿于怀，在工作中消极抵抗；如果批评者是你的同事，你即使不大发雷霆，也可能会报以讽刺挖苦，或伺机找茬；如果批评者是你的同学或朋友，你即使不和他争吵一番，也可能会责怪对方背叛了你，并把你们之间的情谊打上句号。

然而，不幸的是，拒绝批评并非意味着可以免受批评，而且还会失去许多忠言善意的劝告，以至可断送他人对自己的信任和友谊。一个人如果老是拒绝批评，那就无异于说自己以"完人"自居。这显然害多益少。

走出这一误区的办法，单靠笼统地告诫自己下次要虚心接受批评是缺乏约束力的，而应该把问题具体化，并分三步来解决。

第一步，要耐心倾听批评。当别人对自己提出批评时，你既不要急于反驳、辩解，或拂袖而去，也不要嬉皮笑脸，满不在乎，或漫不经心，假装糊涂。既不要轻易断言批评者怀有恶意、敌意，居心不良，或故意挑剔，对人不对事而大动肝火，也不要惊慌失措，再三道歉，或无地自容，低声下气，把自己看得一钱不值。而应该保持自然大方的表情和姿势，认真而耐心地听完对方的批评，然后用自己的话简明地概括出他批评的大意，并问他是不是这个意思，还有什么要补充的。

在倾听批评的过程中，如果你感到自己快忍不住了，可立即这样提醒自己，"我非完人，别逃避，别发火，别害怕，听完再说。"当然，刚开始这样做的时候，你也许会觉得不习惯，甚至感到委屈、窝囊。这是可以理解的。

一般说来，批评者并不能从批评中获得什么好处。相反，可能会有所失。如果他提出的批评是诚恳、善意的，利于受批评者改正缺点或错误；相反，如果他出于恶意、敌意、动机不良，那他便暴露了自己，便于你早做准备并寻找对策。怕就怕别人对你早有意见，心怀不满，表面上又对你一副笑容，明着赞扬，却在背后搞鬼，或在关键时刻突然对你发难。

第二步，要学会接受批评。要是你无法容忍别人的批评。惯于采取这样或那样的方法拒绝、逃避批评，那么，将心比心，你就明白自己没有批评人家的权利。因此，首先要有能够接受批评的胸怀。其次，要有接受批评的勇气。

如果别人发现了你的缺点、错误，批评得有道理，不要拒绝人家的好意，更不必担忧接受批评便矮人一等。拿出勇气改正自己的缺点和错误，你下次也许就不会出现类似的差错了。

第三步，要有接受批评的智慧，要是别人批评得有道理，但方式、方法不对，你可以把它改为自己可以接受的方式、方法来理解；如果别人批评错了，你也宜先表示谢意，然后再作必要的解释。

至于对那些为了发泄个人的嫉妒、怨恨，纠缠早已结束的往事，或怀有其他恶意的批评者，你当然既有权提出正告，也没有义务去接受。

应当牢记的善处世之道：

常人都乐意听好话、听表扬的话、听奉承话、听恭维的话、听鼓励的话、听抬举的话。听到这些话，不论是当面听到还是背后听到，也不论这些话是真的还是假的，也不管说这些话的人是诚心善意的还是虚情假意的或是恶意的，都喜欢听。也不论他是这话的直接发出者还是转述者，你都喜欢他。总觉得耳顺，心中舒服，脸上有光。其实，这都是非常错误的。应该用平常心面对赞誉与批评，才能让自己有所受益。

10. 学会几套交际的方法

◎ 善处世的学问

走上社会就要学会交际，不会交际你就会失去成功的机会。中国有句江湖话：在家靠父母，出门靠朋友。所以，学会交友是你人生中的一件大事，交友的方法是可以通过学习掌握的。

* * * * * *

下面告诉你怎样学习交际：

（1）要学会善结师缘，多拜师有助进步

许多人认为靠自己学习、读书，很难有成果。但如亲近贤能的师友，彼此探讨学习君子之道，可以养成高贵的人格；在处世的待人接物上，就没有不周之处。古人有欲成大志者，必先拜访名师，求师的目的是为了养成高贵的人格。使人际交往做到有利有节，无不周到之处。

（2）人情世故要融会贯通，才能左右逢源

对世间人情进行细致观察，将所学彻底融会贯通，便能灵活运用于世间各种情态，使人格亦可达于真善美的完美境界。这样不仅能有益于处世能力的提升，人际关系的左右逢源，而且不至于堕落成一个大恶人。

（3）要学会交际，就要摒除私欲，不图私利

为了求生存，人们难免有私心或私欲。完全没有私心的境界，只有圣人才能达到，一般人是无法企及的。但我们在处理日常生活中的各种事情时，千万不能使自己成为私心、私利或私欲的奴隶。这是因为私心本来是出于私欲和私利而考虑的，实际上往往事与愿违，玩弄私心的人最后总是自食恶果。

（4）要学会乐于倾听，善于倾听

世界上不存在全知全能的人。因此，倾听别人的意见和建议，集合众智，就成为人生中必不可少的内容。既然自己并非万能，不可能知晓一切事物，所以需要用别人的忠告来弥补自己的不足。要搞好人缘就要培养乐于倾听、善于倾听的谦虚心胸。无论在哪一个时代，每个人都需要用谦虚的心胸，来注意倾听别人的意见。如此则人人都会视你为知己。

（5）生活中要学会宽容大度，理解体谅

俗语说："千人千面"，而人心的差异和特别，则又胜过人的面孔。所以凡事要尊重别人特点，不应该以自己的标准去评价别人、衡量一切，应该多为他人着想，凡事忍让，尊重他人的生存价值，彼此和睦相处。惟有如此，个人的智慧、潜能才能得到真正的发挥，交际范围才会越来越广。

（6）要学会识别真假，认清是非

现实社会上是真假鱼目混珠，好人坏人难于辨清，所以学会识别就是要客观地观察人和观察事情。看人要看他的本质，看事要看事情的真相，不能被表面现象蒙住了眼睛。接人待物必须有一个正确的判断，正确的判断又必须来自你真实的观察和调查。不要轻易地相信人，也不要轻易地怀疑人。

（7）要学会沉着冷静，泰然处世

很多人在生活中不小心就失去了朋友，常常是因为遇事沉不住气，三言两语引起争吵导致关系破裂。

怎样才能遇事不慌，沉着冷静？

首先，要有一颗平常心。面对各种生活问题以平常心态去应对，就不会引起冲突。

其次，无私才能冷静。失去理智的原因常常是为一己之私利冲昏头脑，不顾其余。心中无私念就能够泰然处之。

再次，养成遇事不急于发表意见的习惯。就是遇事先要观察，然后思考，判断成熟，然后发言。这样就会冷静处理问题。

（8）要学会在生活中随机应变，积极灵活

社会生活不是一成不变的，有些人一生都不改变自己，这样的人是不会取得成功的。现在我们的社会正处于改革开放时期，只有及时抓住机会，调整自己的状态，才能取得成功。在交际中也是一样，人的思想变化是非常快的，如果对方已经表现出不耐烦的样子，你还要喋喋不休地大讲特讲，你肯定就要失去一位朋友。所以察言观色，随机应变，是社交场上的必修之课。

应当牢记的善处世之道：

学会交际是处世的第一课。掌握几套实用的方法，是少走弯路的有效方法。

11. 朋友者另一己身

◎ 善处世的学问

善于处世者，总是能与朋友相处融洽。但究竟怎样与朋友打交道呢？这是交际学中的重要问题。

* * * * * *

人与人的关系，从降生到死亡有过无数次大变革。最初来到世上，我们彼此之间都一丝不挂，男女婴儿的区别也只不过那么一处；但是两岁前后，我们的个体意识开始成长，开始趋向于不认可别的孩子，会把别人手里的苹果抢到自己手里，有时我们还与陌生的孩子厮打起来；过不了多久，我们又都会学唱一支儿歌："找呀找呀找朋友，找到一个好朋友。"这种相互团结的社会文化注入我们心里，除了与所有的人保持平和，我们还特意凭借天然的好恶与那些邻居的孩子、夸奖过自己、给过自己糖吃的人，以及比自己有本事的小朋友密切来往；大约六七岁，我们第一次比较明显地以家庭区别每一个人，罪犯、父母关系不正常、穷人的孩子受到歧视，自身有生理缺陷、体质弱智力差的人也受到集体的冷落；到了青春期，男女性别差异极度增加，12年来的经历、幻想以及来自遗传的因素在我们身体里进一步生根发芽，我们不能与异性交朋友，这真是遗憾；到了14岁左右，少年之间已明显地分出了交往圈子，有共同志趣的人走到一起；16岁，我们与父母越来越远；18岁发现社会和历史有问题；20岁自己成长为一个相对独立的小世界，至此人与人之间常常隔墙而邻，甚至自己和自己闹别扭，我们在茫茫人海里感到万分孤独。我们需要两种东西安慰心灵的痛苦：一种是爱情，另一种就是友谊。

爱因斯坦说："世间最美好的，莫过于有几个有头脑和心地都很正直的朋友。"有许多曾经被我们一度引以为近友的人，由于经不起漫漫岁月的消耗，已经渐渐疏离我们。剩下的一些，有的或许能与我们一同走完生命的长路，有的依旧慢慢地与我们分离。我们理当珍视早年的交情，当年我们不曾把密不可宣的烦扰和扑朔迷离的壮志告诉父母，却无一保留地说给朋友听；当我们还力不胜任的时候，我们就曾为了同胞般的情谊而相互提携。凭经验来说，儿时和少年时的友情在人到中年的时候，常常变为手足的关系，这对事业上形成鼎力相助之势以及对人生的快意而言有着无可估量的意义。失去它是件非常可惜的事情。尽管我们可以摆出许多理由说自己只是出于无奈：性格志趣越来越不相投，对方的缺点越来越多等等，但是我们必须在这个问题上注意一个敌人，即那个已经为我们所熟知的顽敌：苛求完美。寻找没有缺点的朋友的人，永远不会有朋友。谁也不可能找到一个和自己步步合拍、一模一样的人。

20岁到23岁，面对更强大的孤独和更复杂的人生，本着现实的宗旨结交一些新知就显得同样的重要。这是我们结识真正意义上的朋友的最后三个年头。

培根认为真正的朋友具有三种人生意义：首先是"通心"，他说："你可以服撒尔沙以通肝；服钢以通脾；服硫磺以通肺；服海狸胶以通脑；然而除了一个真正的朋友之外没有一样药剂可以通心的。"此所谓快乐说给朋友，欢乐从一份倍增为两份；忧愁说给朋友，愁情由一份减半为二分之一留给自己。第二是告诫，即朋友从旁观者的角度时常提醒我们真实的情况是什么，以及我们怎样做更好。第三就是亚里士多德那句至理名言："朋友者另一己身"，也就是朋友们行为上的互助。

24岁以前的朋友可以做到这些，堪称永远的朋友；可是，这之后的朋友则做不到，除非此后我们经历了一段较为特别的遭遇，并在这段落魄时节里得遇知音，就如恩尼乌斯所云："命运不济时才能找到忠实的朋友。"否则，此后的朋友们就只能是或者我们暂时有求于他们，或者他们认为我们身上有利可图而结成的生存同盟。恐怕到了我们山穷水尽、渴望雪中送炭的时候，我们就会发觉他们和早年的知音不一样，他们最多是在我们华丽时锦上添加一朵无足轻重的花。

以前，我们找到的都是与自己性格相近的朋友，因为和他们在一起易于交谈，使人轻松。但是到了22岁，我们会隐约地觉得自己交友的范围太窄了。我们尝试着交一些和自己不太一样的朋友，以便弄清楚自己以外是个什么样子。这些独具特色的朋友们扩大了我们的视野，更加明确了我们自己的独立性，而我们自己也通过这种新的尝试变得更解人意和乐于合作了。

这种尝试有利于日后为了事业而结成的功利性友谊的建设，也利于我们提早从心理上扫除模范文化的偏见和博弈论"有胜必有败"的狭隘竞争观。斗争需要艺术性、丰富性和谈判双方互益的合作性。许多人事业上的失败和世界观的狭隘主要是一直缺少和自己不一样的朋友的缘故。

除了恋人之外，我们有了其他异性朋友；我们有了年龄或者比自己小或者比自己大的忘年之交，以打通时间的隔墙；我们有了更多的海外朋友，知道了外面的世界很精彩。这时朋友们构成的总体已不仅仅是"另一己身"，它代表着社会和人性各个不同的断面。朋友越多，我们对于世界的理解就越全面越丰富，对信息的感知就越快速灵敏，生存能力也就越强，成功的指数也就越高。

俗话说：孤掌难鸣、独木不成桥。一个涉入社会生活的人，必须寻求他人的帮助，借他人之力，方便自己。一个没有多少能耐的人必须这样，一个有能耐的人也必须这样。就算我们浑身都是钢，也打不了几个铆钉。不过，"他人"只是一个泛泛的概念，有些不着边际，而且这些"他人"大多都是你的陌路人，不太熟悉的人，关系很一般的人，他们大多都不能实际地帮助你，具体地帮助你。"他人"中只有一种人能够实际地帮助你，具体地帮助你，那就是——朋友。这些贴近你的亲朋好友，总是给你各种各样的帮助。

如果你的朋友心胸非常开阔，很值得信任，你可以对他讲所有的心里话，那么，你一定是一个非常幸福的人。

所谓"挚友",就是比自己的亲属还要亲密的朋友。有些无法向家人诉说的烦恼,我们可以向挚友来倾诉。

古希腊大哲学家苏格拉底曾经说过:

"友人是第二个自我。"

能够当作自己的镜子,真实地反映出自我的朋友是最难得的朋友。我们时常看到有些没有血缘关系的人,结成亲兄弟般的友谊。朋友们在真诚与友谊的基础上互相帮助、互相提携,也可称之为"利用"的一种关系。

利用不是一个丑恶的东西,而是各取所需导致。一个人,无论在工作、事业、爱情和消闲哪方面,都离不开这种人与人之间的相互利用。朋友就是如此。因为各人的能力有限,以及人际关系有所不同,而必须相互利用。借朋友之力,正是一个人高明的地方。

就社会和自然状况来看,孤单的,斗不赢拉帮结派的。一个人在社会中,如果没有朋友,没有他人的帮助,他的境况会十分糟糕。普通人如此,一个成就大事业的人更是如此。如果失去了他人的帮助从而不能利用他人之力,任何事业都无从谈起。

应当牢记的善处世之道:

借朋友之力,利用他人为自己服务,以让自己能够高居人上,这是一个人很难能可贵的地方。尤其对自己所欠缺的东西,更要多方巧借。

12. 弹性交友

◎ **善处世的学问**

交友的最好法则之一是——与之交往,但要保持弹性。人在社会上行走，必须靠朋友帮忙，虽然有些朋友不见得能帮你什么大忙，甚至还会拖累你，但总的来讲，一个人没有朋友会无路可走！所以，一个人不仅要广交朋友，而且要充分动用朋友的智慧，发挥他们的效力。但交友也不能乱交，如果你尽是交些不好的朋友，就会朋友越多，吃亏越多。

* * * * * *

现实中就有很多人交友时"弹性不足"，他们认为做人做事都应保持一个原则，交友也是如此，如：看不顺眼者不来往；兴趣不同者不接近；话不投机者懒得说；令人不愉快者断交。

这里所说的"朋友"是一种广义上的交友，而普通朋友和我们所说的"知音"、"知己"是有所区别的。当然，我们每个人做事都有自己的原则，这种交友的态度和原则也无可非议，但一个人在社会上立足，还是做事有点弹性，即灵活性为好，交友也是如此。交友要因人而异，在坚持一定原则的情况下保持弹性。以下交友原则可供参考：

如果你对一个人看不顺眼，或与他话不投机，但这个人并不一定是"小人"，他们有可能成为对你有所帮助的君子，如果你一律拒绝，将来未免感到可惜。也许你会说，一个人话不投机、又看不顺眼，自己还要装样子去"应付"，这样做人做事未免太辛苦了。是的，这样是有一点让你觉得委曲，但一个人要有一点这样的功夫，并且还要不让人感觉到你是在"应付"他们。要做到这样，只有敞开自己的心胸，主动去接纳他人。

如果他人因为某事得罪了你，或者你曾得罪过别人，双方心里确实有点不愉快，但绝对没有必要结仇；如果你觉得有必要，应主动化解僵局。俗话说，不打不相识。有了这次相交，也许你们会因此成为好朋友，或者关系不再那么僵化，至少你少了一个潜在的敌人。很多人就是难以做到这一点，因为他们就是拉不下脸！其实只要你放下自己的架子，采取主动的态度，你的这种气度会赢得对方的尊敬，因为是你先给了他面子。如果他还是故作高姿态，那是他的不对！不过化解僵局要找到一个合适的场合和时机，也就是说要有个借口！

有些人奉行一个原则，"不是朋友就是对手"，如果这样，敌人就会一直增加，朋友一直减少，最后让自己变得孤立；应该改变一下原则，"不是敌人，就是朋友"，这样朋友就会越来越多，敌人越来越少！

世上的一切都处于变化的状态之中，敌人会变成朋友，朋友也会变成敌人，这是一种社会现实。当朋友因某种缘故成为你的敌人时，你不必过于忧伤感叹，因为有一天他有可能会再度成为你的朋友！有了这种心态，你就能以一颗平常心来交友！

身价是交朋友的一大阻碍，也是树敌的一个原因，你千万不要以为你是博士，就不去理会一个勤杂工，在"交朋友的弹性"这件事上，这种自我标榜的身价会使你交不到真心的朋友！

如果能够做到上述弹性交友的法则，你就不用担心自己交不到朋友，不用担心自己的路走不通。

我们从小就开始交朋友，走上社会，交的朋友更多，而且这些朋友层次不一，等级不同。有的只是普通朋友，有的则是挚友；有的只是生意上的朋友，有的则是生活的知音和事业的伙伴。

我们经常会对生活中的交友感慨无限，一些好得不得了的朋友，最终还是散了，有的缘尽情了，有的则不欢而散。不管怎么散的，都是一种可惜啊！

当然，朋友失去了还可以再交，但新的朋友未必比老朋友好，失去友情更是人生的一种损失。为了避免失去朋友，让多年的友情随风而散，有一个交友原则值得你考虑——好朋友也要保持距离！这话似乎有些矛盾，既然是好朋友，那为何还要保持距离？这样不就彼此疏远、缺乏诚意吗？而现实中很多人友情疏远，问题就恰恰出在这种形影不离之中。

人为什么会有"一见如故"、"相见恨晚"之感，就是因为被彼此的气质互相吸引，一下子就越过鸿沟而成为好朋友，这个现象无论是在同性还是异性之间都一样。但两个人不管相互之间的吸引力有多大，他们毕竟是两个不同的个体，彼此所处环境不同，所受教育不同，因此人生观、价值观再怎么接近，也不可能完全相同，如果没有差异那就是两个同一体了，就不存在彼此之间的吸引力了。密友之间相处的艺术与夫妻之间相处的艺术有些共同之处，所以要"保持一定的距离"，这也是夫妻相处的艺术之一。所以，如果你有了自己的"好朋友"，与其因为太接近而彼此伤害，不如适度保持距离，以防碰撞，而且还能增进对方的感情。

所谓"保持距离"，简单地说，就是不要过于亲密，一天到晚形影不离。也就是说，心灵应贴近，但形体应该保持距离。"保持距离"能使双方产生一种"礼"，有了这种"礼"，就会相互尊重，避免碰撞而产生伤害。但运用这一技巧时，一定要注意一个"度"，如果距离过大，就会使双方疏远，尤其是现代商业社会，大家都在为自己的事业奔波，实在挤不出时间，这样很容易忘了对方，因此一对好朋友也要经常打个电话，了解对方的近况，偶尔碰面吃吃饭，聊一聊，否则就会从好朋友变成一般的朋友，最后变成只是熟人罢了！

应当牢记的善处世之道：

为了让你的友情关系持续下去，那就遵循这一原则——好朋友也要保持适度距离！

13. 责友勿太严

◎ 善处世的学问

明代洪应明的《菜根谭》中说："攻人之恶，毋太严，要思其堪受；教人以善，毋过高，当使其可以。"对待朋友的错误，不应当以攻为能事，方法更不能粗野，不能刺伤朋友的自尊心。如果自尊心受到伤害，即使你说的和做的千真万确，别人也是不能心甘情愿地接受，又怎么能达到改过的目的呢？

* * * * * *

《呻吟语》中说"责人贵含蓄"，这句话的意思是指责他人的过失时，要讲求一点策略，最好不要一次把心中要说的话完全表达出来。"指责他人之过，需要稍做保留，不要直接地攻讦，最好采用委婉暗示的比喻，使对方自然地领悟，切忌露骨直方。""即使是父子关系，有时挨了父亲的骂，也会无法忍受而顶嘴，更何况是别人呢？"父子有血缘关系，无论如何不能割舍，但朋友就不一样了，过激的言辞很可能会断送友谊。因此，"你这话说得太不对了！""你做的事还不如三岁小孩子！"之类的话最好不要说，要说的话，必须改变语气。

《论语》中有句话："忠告而善道之，不可则止。"这是交友的学问。意思是对朋友犯错，以诚意提供忠告，如果对方不听，就要中止劝告而暂时观察情况。如果过于罗嗦，只会惹得对方厌烦，毫无效果。要不要接受你的忠告，终究要看对方，过于勉强只会损害友情。

劝说朋友，朋友往往认为自己的意见、想法和做法是正确的，从而与你争辩。你以严密的辩论将对方驳倒固然令人高兴，但未必需要把对方驳得一无是处。因为这样不但对自己毫无好处，甚至有时会适得其反，得不到对方的认可，而且终有一天会自食恶果，受到对方的攻击。那如何劝说朋友改正过失呢？最好的办法是先了解对方的想法，然后在顾及对方颜面的前提下，陈述自己的意见，给对方留有余地。

应当牢记的善处世之道：

责友勿太严，这是宽人之道，也是待人之术。

14. 丑话说在前头

◎ 善处世的学问

为什么人会交朋友？善意的回答有两个基本点：人需要朋友，人需要互相帮助，互相爱护。这种帮助与爱护同指精神与物质两个方面。那么，朋友通常又分为不同档次：好朋友、一般朋友、坏朋友。有人还爱说：这是我最好最好的朋友。

* * * * * *

好朋友的情谊建立在相互吸引、相互信任和相互合作的基础上。什么样的人可以成为好朋友呢？一、那些信仰与利益和自己一致的人。二、那些才华出众，对自己有影响，有吸引力的人。三、那些共过患难、秉性相投的人。

好朋友是不容易结识的。它往往需要时间和重大事件的考验。"高山流水遇知音"，"知音少，弦断有谁听？""为觅知音耗白头"。社会心理学家的统计表明，人多是在青年时代结交朋友。如果一个人在40岁时还没有特别知己的朋友，那就很难再找到了。

一般朋友的目的在于交流信息与相互利用。它较少地掺杂进情感的因素。而且往往是周期性地亲密——共同办一件事，共同对付一个对手。有的长期不联系，但他在用得着的时候依然能给予力所能及的帮助。然而在紧急关头常以保住自身利益为前提。

"先小人，后君子"是这类朋友常讲的话。他们在合作时，往往"把丑话说在前头"，以免后来扯皮。这种做法，能较好地避免伤害和气。"并非常常提起，永远也不会忘记"。一般朋友是大量的。它使你的生活在遇到麻烦时能左右逢源，不至于陷入窘境。

坏朋友纯粹是利害关系。有时候，我们需要求助于某人，哪怕这个人很坏，也迫不得已。有时候，我们被某人抓住把柄，也不得不敷衍下去，甚至进行一些协作。但是，与坏朋友交往是不利的。我们会受到牵连与嫌疑，有时会弄到不能解脱的境地。一定要警惕，尽量早些、快些断绝与这类人的关系。

"酒肉朋友不可交"这是一句忠告。

无疑，交朋友含有极大的感情成分。借助于这种感情纽带，我们可以把自己情绪里危险的部分进行安全的转移。

——办事陷入困境的时候，请朋友出出主意，聆听他们的意见，"当事者迷，旁观者清"。

——当满腹冤屈，无处倾诉的时候，到朋友那里，滔滔不绝地说起来，得到同情和抚慰。"怜悯之心，人皆有之"。

——当你悲伤怨苦之时，在朋友面前哭吧，他不会嘲笑你，反而会理解你，替你流泪，分担你的悲痛。

——当你损失了财产，走投无路的时候，朋友会向你伸出慷慨之手，帮助你重建家园，而决不会乘人之危。

也许，朋友对你物质上的援助是有限的，但是，对你精神上的帮助却是无法估量的。结社或小沙龙是认识朋友的好形式。在那里，你可以受到朋友们多方面的感染，从而获得鼓舞和鞭策。

应当牢记的善处世之道：

"良药苦口利于病，忠言逆耳利于行"。让朋友作为你危难中的好帮手吧！

15. 妥善处理朋友间的麻烦

◎ 善处世的学问

朋友之间也难免会出现一些"麻烦"，如争吵、别扭、意见不合、经济纠纷等等。如处理不好，就会造成友情断绝，甚至反目相向；处理得及时妥善，就会尽释前嫌，和好如初。

* * * * * *

朋友之间有"麻烦"是正常的，及时妥善处理是最重要的。

（1）与朋友发生争论时

正确的态度应该是"求同存异"，马克思和恩格斯争论问题就是这样。当时法国科学家比·特雷莫写了一本书，马克思认为"很好"。恩格斯却认为"没有任何价值"，通过反复、尖锐而又友好的争论，马克思终于接受了恩格斯的看法；而对另外一些问题，则持保留态度。这样求同存异，使各自的意见都向真理前进了一步。

为了避免在朋友间出现争论，必须持这样的态度：原则问题可以争论，细枝末节的东西大可不必争个"你死我活"。这样，在你和朋友之间出现争论的机会就少得多。

（2）与朋友观点矛盾时

朋友之间有时见解不同，甚至见解对立，这也是很正常的事情，观点不是义气，观点可以争辩，但义气是容不得争辩的。所以，朋友间发生歧见时，观点疏离了，感情却不能疏离。

①继续保持忠诚和信任。并不因为双方存在歧见而诋毁朋友，甚至在某些场合还要维护朋友的威信、观点，帮他说话。要依然相信朋友的优良品质。

②暂时拉开距离。尽量使双方的歧见处在一个"冷冻"状态，让时间和事实来证明谁是正确的，谁是错误的。避免歧见继续扩大。

③保持平等和尊重。不要固执地认为你是对的而他是错的，朋友之间没有高低之分，如果你持自己百分之百正确的态度，即使对方确实错了，他也会感觉你对他不够尊重，而产生逆反心理，"错了又怎么着？"这是他很自然的反应。

（3）与朋友发生经济纠纷时

一般说来，与朋友间特别是要好的朋友间尽量少些经济上的往来，比如向朋友借钱，当还不了或不按约定时间还款时，肯定会影响今后的长期交往。但对一些本来就是通过经济往来业务而建立的朋友关系，就难免不出现经济纠纷，因此一定要慎之又慎。

①对症下药。对产生纠纷的原因弄清楚，是朋友误会了还是自己弄错了。"亲兄弟，明算账"，要把经济往来的账目全部向朋友交待清楚，让他相信你并没有隐瞒什么。

②坚决按约定或合同办事。因为这是事先商定好的依据，坚持按此来解决纠纷，谁都不会有话说。

③共商解决办法。

朋友之间的纠纷，如果双方坦诚相待，达成一致的解决办法还是能达到的，所谓"朋友好商量"，只要你不存在欺诈、恶意使坏，问题和麻烦是不难解决的。

应当牢记的善处世之道：

别忽略朋友之间的麻烦，要知道，朋友之间的麻烦是最大的麻烦。

16. 适合别人的重大因素——魅力

◎ 善处世的学问

在处世中，如何施展自己的魅力指数呢？魅力是别人对你的看法，他们通过你的外在表现、你的行动与思想，对你产生了喜欢以至某种带有神秘色彩的感情，所以魅力本身是一种感情。而别人对你的感情是与你对他们的感情高度相关的。如果你的感情特征是积极的、友善的、温和的、宽容的，那么你往往魅力大增；反之你就会成为一个不受欢迎的人。所以感情也影响了人性格的很大部分。

* * * * * *

那么什么样的人是富有魅力的人呢？什么样的性格造就魅力呢？西方心理学界提出了一种说法，称为"令人愉悦的个性"。如果你拥有令人愉悦的个性，你往往会使自己的魅力大增。并非所有的性格都是令人愉悦的，有很多性格令大部分人感到不喜欢、讨厌，甚至是难以容忍。比如人们一般不喜欢消极的、极端化的性格特征，人们对报复性的、敌意的性格特征更是感到厌恶，但一般人们都喜欢富有热情的、积极向上的、友善的、亲切温和的、宽容大度的、富有感染力的性格。所以，如果你能够培养起为大部分人所喜欢的正面性格，那么你成功的可能性就大大增加了。

一般地说，令人愉悦的个性包括以下几种正面的性格特征：

第一，富有热忱。很多人不能成功是因为他们缺少热忱，他们缺乏对人、事、物的热情关注，甚至对成功也缺乏热忱，这样他们当然无法成功。你考虑一下，你是否对某些事情充满热忱，你是否特别关注于某个学科，你是否希望在某个领域有所建树，是否有些问题在不断地吸引你的注意力，你是否由于事情本身就会全身心地投入其中？如果你不是这样的，那么你就要改进，你要记住：一定要培养自己的热忱。如果你是这样的，那么你就是一个潜在的成功者。

你与他人友好交往、建立良好人际关系的前提是每个人都愿意谈自己所专长的东西，因为这往往更能体现他的优势与价值，但这对你来说，往往是个汲取知识的大好机会。你要对任何人感兴趣，而不只是在你现在看来重要的人物，而且最好能一直保持下去，如果你无法做到这一点，那么你在其他方面的优势就要大打折扣。你真正的注意别人，比对他说些恭维的话要来得有效果。你要学会去关心别人正在做的事情，这对他人来说，意味着你很重视他的工作与成就；而这对你本身来说就是一个学习新知识的机会。

培养热忱的一个重要方面是对事物的兴趣。但如果是你本身缺少热忱，这就是一个更大的问题了，你一定要培养对事情的热忱。当你每天起床的时候，你是怎么想的呢？"新的一天开始了，我又可以做更多事情了。我很高兴。"还是"一天又开始了，又要去上班了。真烦！"如果你长期保持第二种状态，你的成功几乎就没有什么希望。你之所以讨厌上班，可能是因为你不喜欢你现在的工作，也可能是你完全缺乏做事的热忱。如果是第一种情况，你就应该换个喜欢的、能调动你热忱的工作了，即便新的工作给你带来的直接收入要少，你还是要这样做，因为你会在这样的工作职位上不断长进，直达成功。

除此之外，对事物的热忱往往还有助于你激发其他人，使他人觉得你是一个精力充沛、充满活力的人，这也可以大大地提升你的形象与魅力。所以拿破仑·希尔经常告诫人们，"要控制你的热忱"。热忱是令人愉悦的个性的一部分，热忱可以改变你的人生。

第二，亲切随和。很多关于领袖魅力的书籍都强调神秘感与保持威严，这有一定道理。威严固然令人敬畏，但亲切随和令人喜欢。因此，在某种程度上，这种说法更适合一个等级社会或专制社会。随着社会的演进、教育的普及、身份的平等化，这种个性成功的可能性越来越小。而在一个较为自由的社会，让他人喜欢你远比让他人敬畏你更有价值。让别人喜欢你，可以为你带来合作机会，为你带来一笔交易，为你带来商业利益；但让别人敬畏你，能给你带来什么呢？

威严也许是专制社会的成功个性，但自由社会的成功个性是亲切随和。亲切随和的最大好处是对人平等，给人以尊重感。如果你不尊重别人，又想与别人建立起一种良好的关系，这几乎是不可能的。尊重他人是人际关系的第一条原则。亲切随和的人往往更能广结人缘，获得他人的好感与认同。

"你为什么喜欢与他在一起？"

"与他在一起让我感到很轻松，他很随和。"

我们经常听到这样的对话。这就说明亲切随和是令人愉悦的个性。所以，如果你希望自己具有令人愉悦的个性，就要做个亲切随和的人。

第三，温和谦恭。我们在生活中经常遇到一些人，他们对他人的看法很尖刻，容易急躁，有了怒气则暴跳如雷，或者是在很多时候都咄咄逼人、盛气凌人。而自己所持的意见、立场不容他人辩驳，我们恐怕很难喜欢这样的人，更谈不上感到愉悦了。这种做法的共同特征是缺乏温和的性情与谦恭的心态。

温和的性情表明一个人极富涵养，非常成熟，对人和物都有全面的看法。而与之相反的品质，比如急躁、易怒、不安、尖刻、锋芒毕露等等，都说明一个人离高尚的境界还有很大的距离，也很难获得他人的助益，从而也较难获得成功。成功者在性格上的特点往往是心平气和；他们在任何复杂问题面前都能保持清醒的头脑，不被烦躁不安的情绪所支配；即便他们受到了恶意的攻击，他们也能心情自然，因为他们知道温和与泰然是对付恶意攻击的最好办法；当他们的观点看法被人彻底否定时，他们也能耐心地听取别人的看法，而同时保持一种友好的姿态。

在一切场合，都要做到性情温和、彬彬有礼，这会为你奠定成功的基础。在令人愉悦的个性中，我们绝对找不到傲慢、自大和惟我独尊的影子。愤怒没有任何价值，在任何时候都不要愤怒；在任何时候都不要急躁不安，急躁不安也不会给你任何助益。成功者有一颗充满信心的头脑，但他们一般也有一颗谦恭的心。在任何社会，我们都找不到全智全能的人。在现代社会，个人的知识与社会生活的复杂相比，尤其微不足道。所以，每个人都会在很多领域是知识上的盲人，而谦恭使得你无须掩饰你的无知与缺陷，它反而又会使你学到很多更有价值的东西。

第四，富有感染力。如果你做到了以上三条，你就是一个较受欢迎的人了。但如果你还能做到这一条，就会使你更具魅力。你有没有注意到，成功者的重要特点是他的个性富有感染力。每到一处，他容易用自己的行动和语言打动别人，否则他怎么能给别人留下深刻的印象呢？所以，你要努力培养你的感染力。

那么，怎样才能培养感染力呢？是什么构成感染力的基础呢？是什么东西感动你自己？你要观察那些使你深受感动的人，他们的一举一动、一言一行。这里既有性格的因素，又有语言的技巧。但是有一点是相通的，感染力的基础是共鸣，是功能因素或情感因素的相通。

他们之所以有感染力是因为他们懂得大部分人所关心的东西，他们能细心地观察每个人的利益、态度与感受。如果你是一个公司老总，你能不能通过一次讲话来鼓舞人心？有的人就很擅长这样做。他们在讲话中除了关于公司的现状问题外，往往还要谈到员工与公司的关系，员工对公司具有的价值，员工将从公司的增长中获得的收益。这样，他往往是通过功能性的诉求，通过讲话、神态与表现力来使员工们感动。

一个人的正义感、同情心往往是感染力之源。在日常生活中，一个人的感染力更多是来自于情感方面。所以，一个具有感染力的人，也是一个具有道德影响力的人，一个正直善良的人，一个对他人的痛苦有发自内心的同情的人。

应当牢记的善处世之道：

"性格塑造人"，同样也是性格塑造成功。热忱、亲切、随和、谦恭、温和、宽容、富有感染力这些优秀的品质构成了你令人愉悦的个性，从而有助于你获得成功。

17. 善于改进自己

◎ 善处世的学问

在日常生活中，有太多的人想要迫使别人接受自己的意见，因为我们总认为自己是对的。这种想法，使我们没有改进自己的余地，也在通往成功的路径上设下了障碍。想象一下，十个当代最有名望的画家齐聚一堂，围绕着一张圆桌团团而坐，一起对摆在圆桌当中的一个苹果进行素描。每一个人画出来的苹果都不会一样，因为每一个人看到的角度都不相同。

* * * * *

"意见"也有同样的道理。信念的异同，取决于身世与环境的各种因素，我们就是靠这些因素来决定我们的意见。固执己见的悲剧，在于它阻止了成长、进步和充实自己。它使我们自认为十全十美；但事实上，世界上没有人能达到十全十美。固执己见者为了掩饰自己的弱点，必然无法快乐而被孤立，这已是不争的结论。

你如何才能避免固执己见？只要你肯听听别人的想法，你可以做到。你的意见可能是错的,你应该有"闻过则改"的雅量。

固执己见是一种消极的癖性;心胸开阔才是应有的态度。前者会导致失败与孤立;后者则是获得成功与友谊的保证。

只要你肯向别人伸出友谊的手,只要你肯学习别人的长处,只要你了解别人和我们一样有获得成功的权利,你就不会再坚持己见了。你内心的成功元素会再度展开活动,而内心的失败元素自然就会偃旗息鼓了。

请记住19世纪美国诗人罗威尔的话:"只有蠢人和死人,永不改变他们的意见。"

严重的固执己见容易导致刚愎自用。

生命的意义,就是改变。你每天的想法都会改变,道理很简单,因为你每天都不一样,而且每天的情况也不同,生命就是这个样子。自然界也因四季的变换而依序进展。你想象一下,如果一棵树在春天时倔强地拒绝抽发新芽,如果一朵花倔强地拒绝开放,如果一棵蔬菜或一粒果实倔强地拒绝生长或成熟,世界会变成什么样子?

你是否刚愎自用?你是否拒绝身体的改变与成长?你是否抗拒创造性的生活?抗拒微笑、友谊、宽恕和四海之内皆兄弟的观念?

16世纪的法国散文家孟达尼曾说:"刚愎与冲动,就是愚蠢的明证。"

要想从有限的生命中求取更多的生活,从小就必须开始革除消极感。这种感觉,是培育顽固、刚愎、忌妒与惰性的温床;这些习性能使你丧失抵抗力,而萎缩成微小的细菌。你是一枚微小的细菌,还是一个完整的人?答案在于自己内心。只要你能宽恕自己、友爱自己,你就能克服刚愎自用的心理。

但是择善固执与刚愎自用有所不同。假如你经过周详的考虑之后,发现你的信念对你做事有价值,你应该为这个信念而努力。这并不是冥顽不化，而是一种成功性的决定。

应当牢记的善处世之道：

一个善于改进自己的人，一定是一个朝着成功方向迈进的人。

18. 不露声色看清人

◎ 善处世的学问

如果你的左膀右臂成为心腹之患，随时有取你而代之的可能，你应该不露声色，蓄势寻机将其扼制住。

* * * * * *

历代中国宰相，不仅是皇帝身边最亲近的大臣，而且也是协助乃至代替皇帝总揽政务的人。虽然皇帝事实上需要有这样的一位助手，可是心理上却又害怕这个人的存在。如果宰相过分的跋扈专擅，对皇帝来说，真是一种莫大的威胁，时时有如芒刺在背、如鲠在喉的感觉。站在皇帝的立场来看，宰相在实际上既不可少，但在权势上又必须时刻提防。因此，中国历史上的宰相，很少有能得善终的。汉武帝的时代，自公孙弘死后，由李蔡到刘屈牦，换了六个宰相，其中自杀的有两人，死在监狱的也有两人，腰斩的一人。明太祖洪武十三年，有人告发宰相胡惟庸谋反，朱元璋将胡惟庸处死，且夷其三族。最后还把开国元老、77岁的宰相李善长处决，并株连2万余人，同时废除宰相的制度。宰相在封建社会制度中所处的地位何等困难！何等尴尬！何等危险！

皇帝之防范宰相，本质上是可以理解的，宰相的才干智慧如果超过皇帝，很容易引起"取而代之"的野心，皇帝如果不先下手，遭殃的机会就很大，所以宰相的地位固然危险，皇帝的地位又何尝不危险呢？

这不止是中国皇帝的专利，美国总统照使清君侧术。

里根总统刚上台时，缺乏外交的实际经验，智囊团中亦找不到足堪大任的人才。所以，启用尼克松时代具有外交及军事资历的黑格将军任国务卿。黑格虽然才气纵横、声名远播，但与里根素无渊源，且个人野心勃勃，甚遭里根左右之忌。里根在事实需要而心里害怕的情况下，不得不时而压制黑格的气焰，时而削夺其外交的权力。利用副总统布什及白宫安全特别助理艾伦、顾问米西等人时时掣肘，以造成里根在外交事务上并不真正依赖任何人的情况。当黑格气盛时，里根就拿副总统布什来牵制分权；布什在制定计划有欠周详时，立刻将其任务交给其他助理执行，当白宫安全助理艾伦的权力伸展到外交决策上的时候，他又将艾伦每日上午在白宫简报国家安全外交事务的任务取消，改为书面报告等等。里根的手法是完全可以理解的，因为他自己过去从无相当的外交经验，在风云日变纵横捭阖的国际事务中，要他能够得心应手、控制自如地应对，尚需要一段时间的磨练。但他既不能十分信任没有渊源且甚具野心的黑格，又不能让黑格因无法自由发挥权限而挂冠，只好以亲信来牵掣制衡黑格。可是等到有一天，里根认为他自己已能全盘控制外交事务时，黑格的权力及作用一定会大大的降低，甚至会走上和罗吉斯范锡等人同样的道路。

作为企业经营者的你，是否实际上需要一个得力的左膀右臂，可是心理上又不愿让他有太多太大的实权？或者你感觉到他比你精明能干，功高震主，随时有取你而代之的可能，因而忧心忡忡、惶惶不可终日。如果你已意识到你的得力助手，目前已是手足之疾，终有一日将成心腹之患，那你绝不可掉以轻心，以免来日酿成巨祸。处理的方法，大可引用古代皇帝防范宰相图谋不轨的方法，或削其权，或夺其名。二者之选择，须视你需要他的程度而定，只要你守得住分际，持智不持力，就能防患于未然。

历史上的皇帝为了提防宰相图谋不轨,有以下清君侧方法:

一是设多位宰相,不使一人独揽大权。二是有宰相之名,无宰相之权。三是给予宰相之权,不居宰相之名。必使宰相在名义与实权之间,有所牵制。你可以依样画葫芦,照样子去做你的防范,然后找机会铲除,但要处理得当。

清朝雍正皇帝即位后,因感戴大将军年羹尧拥立之功,召其自青海班师而还,雍正亲自郊迎,但见军容壮盛,旌旗蔽日,内心已生警惕。其时正逢盛夏,雍正为表示体恤,传旨命士兵卸甲休息,年羹尧的部将竟置若罔闻。后来年羹尧知道了,谢恩过后,从怀中取出一面令旗,晃动几下,顿时欢声雷动。雍正心中即想,圣旨不及军令,如果年羹尧此时有谋篡之心,自己的性命必然不保,从那一刻起,雍正就决心要杀年羹尧。后来年羹尧一夜连降十八级,甚至被抄家灭门,都是因为功劳太大的缘故。

雍正从想杀年羹尧的那一刻起,到能够杀他为止,经过了两年的时间,设计了多少陷阱、绞尽多少脑汁,才能达到目的。可见要剪除悍将骄兵是如何的困难,可是此患不,英雄主究竟不能一日得安。

应当牢记的善处世之道:

人与人之间,容易相互猜忌,这是必然的现象。处理的手法,一方面固要不着痕迹,一方面也需要蓄势趁机,才能水到渠成,做得漂亮、干脆而不落人口实。

19. 以假乱真不糊涂

◎ **善处世的学问**

在《三十六计》中主张忽明忽暗,不让对手知你心思,而不知何以行动。"以假乱真"，只有造假造得巧妙，造得逼真，才会使敌人上当受骗，出现错误。此为忽明忽暗的作战兵法。

* * * * * *

东汉末年，宫廷发生宦官与外戚大火并，西凉太守董卓乘机率领士兵闯进京来，废掉了少帝刘辩，另立九岁的刘协为汉献帝。

自此，董卓就在长安自称太师，汉献帝还要称他"尚父"，其权势之大，不言而知。朝中文武官员谁要是说话不小心，触犯了他，就要掉脑袋。朝臣们由于自己的生命朝不保夕，无不对董卓恨之入骨，不少人恨不得暗暗地杀掉他。

有个大臣叫王允，见董卓如此的骄横跋扈，滥施杀戮，而且还有篡位之野心，日夜忧心如焚。

有一晚，王允策杖入后园，想起国事，不禁仰天叹息，暗垂老泪。忽闻牡丹亭畔有人长叹，其声如莺之戚鸣，便前去看个究竟，原来是府中的一名叫貂蝉的歌妓。她从小选入府中，教以歌舞，年纪刚满16岁，色艺俱佳，王允以亲女看待。今见她如此对月嗟叹，以为少女怀春，喝道："小贱人，是不是有私情？为何深夜长叹？"

貂蝉即跪下答道："贱妾怎敢有私情，不过近来见大人终日愁眉不展，忧心忡忡，不知所为何事，又不敢动问。刚才又见大人仰天长叹，故妾亦因大人嗟叹而嗟叹！"

王允看立在他跟前的貂蝉貌若天仙，忽地灵机一动，计上心来，手中杖子击地脱口而说："汉家天下成败，全在你手中了！"

貂蝉听了不由一愣，说："大人何出此言？"

王允试探地问："有个重任想授与你，不知你肯不肯去完成？"

貂蝉不假思索答道："妾蒙大人提携，以亲女相待，此恩虽粉身碎骨亦难报于万一，若有用妾之处，万死不辞！"

"好，不愧为奇女子！跟我到阁中去。"王允说着就先走进花阁中来。

貂蝉跟王允到了阁中，王允把闲人一概遣出门外，扶貂蝉上座，叩头便拜。貂蝉大惊，急伏地恳问："大人为何这般？"王允泪流满面说："你要可怜汉朝江山和老百姓！"

"我不是说过吗？如有用妾之处，万死不辞！"貂蝉重复说一遍，跟着亦掉下泪来。

王允说："今百姓有倒悬之苦，君臣有累卵之虞，非你则无法拯救。想你亦清楚，贼臣董卓，把持朝政，将欲篡位，朝中文武，无计可施。董贼有一义子吕布，骁勇非常，我看此二人皆是好色之徒，今欲使用美人计，以你为饵，好从中行事，务要使他们翻脸，叫吕布杀了董卓，这样便可以挽救江山，未知你意下如何？"

貂蝉答："妾既许大人万死不辞了，永不后悔，若不达成任务，即大义不报，愿死于万刀之下！"

王允大喜，再深深向貂蝉一拜。

此后，王允便有意识拉拢董卓身边的吕布，常常请吕布到家中饮酒聊天，日子久了，吕布觉得王允待他好，感情就渐渐接近了。有一天，吕布又在王府饮宴，酒至半酣，王允命叫"女儿"出来敬酒。

侍婢扶貂蝉出来，吕布色眼一见，惊为天人，问是谁？王允答是小女貂蝉，如今将军与我相处如一家人，故教与将军相见。貂蝉此时打扮得如天仙一样，分外娇艳，并使出浑身解数，献酒献媚，与吕布眉目传情。弄得吕布心飞神荡，很想一手把她搂进怀中。

此时王允诈醉指着貂蝉说："女儿，将军是当世英雄，你就再与将军把盏，多敬将军几杯吧！"

貂蝉乃坐在王允旁边，与吕布打照面，吕布目不转睛地看，入口的是酒，下肚的是醋，此时恨不得把貂蝉整个吞下。

一会，王允瞪着醉眼，又指着貂蝉对吕布说："将军，你是我最崇拜的英雄，也是最好的朋友。今有一言，冒昧说出，我想将小女送与将军，来个亲上加亲，不知将军肯赏脸否？"

吕布喜出望外，即刻离座作揖道谢，"若得如此，布当效犬马之劳。"随即啪嗒一声跪下道："岳父大人在上，请受愚婿一拜。"

王允答礼，亲自扶起吕布道："待我选个吉日良辰，便送小女到府上。"吕布欢喜无限，偷眼看看未婚妻，貂蝉亦秋波送情，把吕布撩拨得如醉如痴。

席散了，王允对吕布说，本欲留将军住宿，又怕董太师见疑，亦不敢强留了，吕布才拜谢回去。

过了几天，王允在朝堂上见了董卓，趁吕布不在，伏地拜请："允欲请太师明天到舍下饮杯酒，未知意下如何？"董卓见司徒相请，慨然允诺。

次日中午，董卓带了百多名侍卫到了王府，簇拥入堂。王允让侍卫在堂下分立两旁，然后对董卓极尽巴结，把董卓请入后堂。后堂又是另一番风光，侍酒的全是美女，或唱或舞，董卓本是个见"色"眼开的老色鬼，两眼盯在美人群中，目不暇接。

忽然珠帘一启，众女簇拥出一位绝色美人来，向董卓深深一拜，嫣然一笑，悄悄送来一个媚眼，逗得董卓如中风一样浑身不能动弹，急问："此女是何人？"王允答："歌妓貂蝉。"说罢便叫貂蝉展玉喉，歌唱一曲，董卓听后连声称妙。

貂蝉唱罢歌儿向董卓敬酒时，董卓细声问："你今年几岁了？"貂蝉答："贱妾年正十六岁。"董卓抚须大笑，"如此美艳，真神仙中人也。"王允乘机说："允欲将此女献与太师，未知肯纳否？"董卓恨不得如此，即答："如此见惠，何以报答？"王允说："说什么报答。太师肯接纳此女，就是给老夫的面子了！"王允立即命人备车，先将貂蝉送到太师府去，董卓哪里还坐得住？吃得下？连忙起身告辞，王允又亲送董卓直到相府才辞回。

王允乘马走到半路，正碰着吕布迎面而来，怒冲冲地一把揪住王允，厉声问："司徒既以貂蝉许配于我，今天又为何送与太师，是否拿我开玩笑？"王允急止住他说："这不是说话的地方，请到寒舍去。"

吕布跟王允到家，进入后堂。王允问："将军何故怪责老夫？"吕布说："有人报告说你把貂蝉送入了相府，究竟是何缘故？"王允答："将军，你错怪老夫了，今日太师到来，他对我说，听说我把貂蝉许给你，要我趁良辰吉日把小女送去与你成亲。太师之命老夫怎敢违之。"

吕布听了，登时谢罪，说一时卤莽，错怪了丈人，改天再登门请罪，便匆匆回府去了。

次日，吕布正准备小登科了，但打听了一下，全无消息，走进中堂去问诸侍妾，侍妾却说："昨夜太师与新人貂蝉共寝，至今尚未起床呢！"

吕布大怒，潜入后房窥探。见貂蝉正起身在窗下梳头，她见了吕布正在张望，便故意把眉头一锁，装出忧愁样子，且掏出手帕抹眼泪。一会，吕布出去了，顷刻又入，那时董卓已坐在中堂吃早餐了，见了吕布就问："外面没发生什么事吧？"吕布随便答道："没有！"即侍立董卓旁边，偷眼向帘内张望，见貂蝉在帘内若隐若现的，露出半脸，向吕布眉目送情，弄得他魂不守舍。董卓见此情景，心中疑惑，挥手叫吕布出去。

董卓自从宠爱貂蝉之后，为色所迷，月余不出理事，董卓偶得小病，貂蝉衣不解带地服侍左右，董卓更加欢喜。

有一天，吕布入内向董卓问安，董卓正在午睡，貂蝉在床后探出头来望吕布，以手指心，又指指董卓，不停地抹眼泪。吕布见状，正满怀悲恨难言，适董卓睁开双眼，见床前站着吕布，目不转睛地望着床后的貂蝉，即叱骂曰："畜生！你想调戏我爱姬！"唤左右将吕布赶出，今后不准入堂，吕布怒恨而归。

后董卓后悔，急赏赐吕布金帛并好言安慰。此时吕布虽身在董卓左右，心实贴在貂蝉身上了。

当董卓上朝议事，吕布执戟相随。董卓在与汉献帝谈话的时候，吕布乘机出门，上马回相府，寻着貂蝉，貂蝉说此地谈话不便，叫他先到后园的凤仪亭去等待。

吕布等了一会，方见貂蝉翩翩而来，一见面，貂蝉即泣告吕布："我虽非王司徒亲女，但自许配将军，觉已偿平生之愿，谁知太师存心不良，将我奸污了，我恨不早死，只因未见将军一面，故含垢忍辱，今幸见了将军，死亦无憾了，我身已被污，不得再侍奉英雄，愿死在君前，以明我志。"说罢即手攀曲栏，向荷池便跳。吕布慌忙将她抱住，亦泣曰："我知你心很久了，只恨没有机会接近。"貂蝉挣扎，扯住吕布的衣袖说："我今生不能嫁你，只愿来世。"吕布答："我今生不能以你为妻，非英雄也。"貂蝉又说："我已度日如年，望你及早把我救出去。"

吕布忽然想起，迟疑一会，对貂蝉说："我是偷空出来的，来久了老贼见疑，还是赶快回去好。"貂蝉忙把他的衣袍牵住说："你如此怕老贼，我永无重见天日机会了。"吕布答："慢慢想办法吧！"说完提戟欲去。

貂蝉自怨自艾地说："我在深闺就闻你之名，以为是当今大英雄，谁知反受人制，胆小如鼠。"

说得吕布满脸羞惭，欲行又止，即放下戟，回身把貂蝉抱住，顿用好言相慰。两人于是偎偎倚倚、喁喁细语、难舍难离。

却说董卓和献帝在殿上谈话时，回头却不见了吕布，心下怀疑，即辞别献帝，登车回府，见吕布的马系于府前，问门吏，答吕布入后堂去了。

董卓心知有异，喝退左右，单独径入后堂去，寻人不见，唤貂蝉亦不见，急问侍妾，答曰貂蝉在后园看花。

董卓步入后园，不看犹可，原来吕布和貂蝉两人肩搭肩地并排坐，浅谈低斟，戟却放在一旁。登时无名火起，大喝一声，吕布一惊，回身便走，董卓抢到戟，挺着追赶，吕布走得快，董卓肥胖赶不上，将戟向吕布一掷，吕布把戟拨落在地。董卓抢戟再赶，吕布却已走出后园了。

董卓一路赶来，忽一人飞奔前来，和董卓一撞，把董卓撞倒，这莽夫原来是谋士李儒。

李儒扶起董卓回书房坐下，董卓问他来做什么？李儒说："适至相府，听说太师盛怒入后园，找寻吕布，因急步赶来，正遇吕布奔出，说太师要杀他。故我赶来劝解，不意误撞恩相，死罪死罪。"

董卓气呼呼说："此小子居然敢调戏我的爱姬，誓必杀死他！"

李儒连忙说："恩相差矣，从前楚庄王在绝缨会上，不追究调戏爱姬的蒋雄，后被秦兵围困时，得蒋雄死力相救，才免于难。今貂蝉不过一名歌妓而已，吕布又是太师的心腹猛将，不如乘此机会把貂蝉赐给他，他必知恩报德，死心追随太师了，还请太师三思！"

这番话说得董卓心动，沉思良久，说："你言亦是，待我考虑一下。"

李儒辞出，董卓即入后堂，责问貂蝉为何与吕布私通？貂蝉半泣半诉说："妾在后园看花，吕布突至，妾方惊避，他竟说是太师之子，何必相避呢？随提戟赶妾至凤仪亭。妾见其居心不良，怕为所辱，想投河自尽，却被这厮抱住，正在生死关头，幸得太师赶至，才救了性命。"

董卓才消了气，安慰一番，问貂蝉："我想将你赐给吕布，你看怎样！"

貂蝉大惊，哭着说："妾身已属贵人，奈何要下赐家奴？妾宁肯死也不从！"顺手拿了墙上的宝剑要自刎。董卓慌忙夺剑，把她抱住说："我和你开个玩笑，何必认真！"貂蝉即倒在董卓怀里，掩面大哭起来，骂道："此必李儒之计，他与吕布相好，故设此计，不顾太师体面和贱妾性命，妾当生啖其肉。"

董卓徐徐说："我怎忍舍弃你。"貂蝉说："虽然太师怜爱，但此处不宜久居，怕早晚为吕布所害。"董卓说："我明天带你回□坞去，离开这里就不怕被暗算了。"貂蝉才收泪拜谢。

次日，李儒入见董卓，说："今日良辰，可将貂蝉赐与吕布。"

董卓答："吕布是我儿子，怎可以赐给，你传我意，我不追究过去就是了。"

李儒说："请太师留意，不可为女人所惑。"

董卓即变色答："你肯把老婆送与吕布否！貂蝉之事，再勿多言，言则必斩。"李儒于是惶恐出去。

董卓带貂蝉回□坞之时，百官俱来拜送，貂蝉在车中遥见吕布站在人群中，呆眼望着自己，她便作掩面哭泣状，令吕布如痴如醉，叹息痛恨。

忽然背后一人问："吕布为何不跟太师去？还在遥望叹息？"

吕布回头一看，原来是司徒王允，两人相见后，王允就说："老夫近日身体不适，闭门不出，故久未与将军见面，今太师归□坞，只得抱病来送行，刚好又得见将军，请问将军为何在此长嗟短叹呢？"

吕布答："还不是为了你的女儿貂蝉！"

王允佯惊起来，问："这么久未把小女给将军？"

吕布怒冲冲答："老贼自己宠幸久矣。"

王允急了，再问："真有此事？那太过了，太过了！"

吕布便将前事一一告诉王允，王允半晌不语，过一会才说："想不到太师竟有此乱伦之行，简直禽兽不如，不如禽兽！"说完拉着吕布的手说:"且到寒舍商量商量。"

两人进入王允的密室里,置酒相待,吕布再复述一遍凤仪亭之事。王允作出无可奈何样子,徐徐地说:"这样看来,太师已淫我之女,夺将军之妻,确实太丢脸了,人们耻笑的不是太师,实笑将军与我老夫。但老夫已年迈了,无足为奇,只可惜将军盖世英雄,亦受此污辱……"

话犹未了,吕布即怒气冲天,拍案大叫起来,王允急忙劝止:"老夫失言,将军请息怒。"

吕布更加大声,暴跳起来说:"誓杀此老贼,雪吾心头之恨。"

王允急掩吕布口说:"将军勿言,恐累及老夫。"

吕布说:"大丈夫生于天地间,岂能郁郁久居人下?"

王允说:"说得也是,以将军之才,诚非董太师所能限制的。"

吕布忽又沉下气来,自言自语说:"我杀此老贼,乃易如反掌,无奈我是他的儿子,以子杀父,怕被人议论。"

王允微笑说:"将军自姓吕,太师自姓董,掷戟之时,岂有父子之情!"

吕布豁然开怀说:"非司徒提起,几乎自误,吾意已决了。不杀此老贼誓不为人!"

王允见吕布意志坚决了,乃言及董卓夺权篡国阴谋,晓谕建功立业大势,说得吕布频频点头。再歃血盟誓,同心协力为国除奸。

一天,恰好汉献帝生了一病刚刚痊愈,在未央宫会见大臣。董卓上朝时,为了提防人家暗算,他在朝服里穿上铁甲。在乘车进宫的大路两旁,派卫兵密密麻麻排成一条夹道。他还叫吕布带着长矛在他身后保卫着。经过这样安排,他认为万无一失了。

他哪儿知道王允和吕布早已商量好了。吕布约了几个心腹勇士扮作卫士混在队伍里,专门在宫门口守着。董卓座车一进宫门就有人拿起戟向董卓的胸口刺去。但是戟扎在董卓胸前铁甲上,刺不进去。

董卓用胳膊一挡，被戟刺伤了手臂。他忍着痛跳下车，叫着说："吕布在哪儿？"

吕布从车后站出来，说："奉皇上诏书，讨伐贼臣董卓！"

董卓见他的干儿子背叛了自己，就骂着说："狗奴才，你敢……"

他的话还没说完，吕布已经举起长矛，一下子戳穿了董卓的喉头。兵士们拥上去，把董卓的头砍了下来。

满朝文武大臣见董卓被杀，无不欢呼雀跃；长安的百姓受尽了董卓的残酷压迫，听到除了奸贼，成群结队跑到大街上唱着、跳着。许多人还把自己家里的衣服首饰变卖了，换了酒肉带回家大吃一顿，庆祝一番。

应当牢记的善处世之道：

上述故事给人启发：对待某些事情，必须忽明忽暗，用包裹术去求成，不可简单了之，否则会吃大亏。

20. 防范被假象迷惑

◎ 善处世的学问

假象可以迷惑人。这一点是必须要加以提防的，否则就会受害。

* * * * * *

下面这则寓言故事，生动地说明了狐狸施展"暗渡陈仓"之计，制造假象终于吃到天鹅肉。

天鹅飞得很高，狐狸对天鹅肉涎流三尺，却毫无办法。但是天长日久，狐狸终于吃到天鹅肉。这是动物世界的真实现象。

夕阳西下，夜幕降临，一群天鹅有组织地成双成对地偎依在沙滩的草丛里，美美地睡觉。哨兵天鹅忠实地站在岗哨位置上，一有异常情况便发出警报。如有鹰类进攻，它们便群起反抗，张开翅膀扑打，并用坚硬的喙去反击。

一只对天鹅群试过多次偷袭，失败的狐狸，总结了经验。它趁着夜色，轻轻地、悄悄地向沉睡的天鹅群摸去。草发出了轻微的沙沙声，天鹅哨兵仍然发现了异常，立即发出警报，一声长鸣，群鹅立即惊醒，互相呼唤，做好准备。然而，狐狸就地扑倒，一动不动，连大气也不出。天鹅群以为没有敌人，虚惊一场，便又各自睡觉去了。

狐狸明白了，它可以用这种办法疲劳和麻痹天鹅。于是，它用自己的尾巴摇了摇，又把草打响了，天鹅哨兵又发出警报，天鹅群再次从沉睡中惊醒。狐狸还是一动不动。天鹅群又认为是虚惊一场，对天鹅哨兵的警报逐渐不以为然。第三次，当狐狸再次拨动草响时，尽管天鹅哨兵仍然发出警报，天鹅们却懒洋洋地不当一回事了。天鹅对警报失去了信任。如此多次，当狐狸轻轻走向熟睡的天鹅时，它走路的响声引起哨兵的警报，但天鹅们已经完全不理睬这警报了。于是狐狸迅速一口咬住那只半醒半睡的天鹅脖子，那只天鹅疼得怪叫起来，群鹅这才发现敌情是真的，惊慌逃去，留下了这只同伴给狐狸做了美餐。

应当牢记的善处世之道：

以上事例虽然是动物之间的游戏，可它对我们做人也有一定借鉴意义。你可以警惕一些，比过去多提防那些制造假象的"狐狸"。

21. 巧用计谋获赏识

◎ 善处世的学问

对待下级，领导善于从小处入手赢得下级的信赖，从而创造工作的协调一致，取得成绩；有的采用严格管理，加强纪律观念，凡事以事为本。

* * * * * *

领导的类型不同，下属得到的利益也就不同，获得的奖赏也不尽相同。作为前者的下属，你不必过多的考虑你的奖金、职位、培训，甚至是你的婚姻都是领导考虑的对象。而对于后者，你就不得不适当地表现表现，以便使领导认识到你的需要。

小管是某市政府秘书处秘书，工作一向积极到位，随叫随到。看到其他领导的秘书都配备了呼机，心里一直埋怨领导，但又不敢直说，只好继续"任劳任怨"的工作。这位老领导由于工作能力较强，被提为地区级领导。在领导离开时对小管说："把你的呼机号给我，到时我有事呼你。"小管回答说没有，老领导一脸愕然："我以为他们早就给你配了呢？"

第二位领导到来之后，小管采取了新的策略，经常不在办公室，领导找不着，急得转磨儿。不久，小管被开除了。

从中我们不得不思考这样一个问题，如何向领导提出自己的要求才能不遭到拒绝呢。

首先要分析领导的类型，你所遇到的领导是那种类型的。

其次决定采用的方法，对于关心细节的领导，可以浅点即止，领导的悟性是很高的。对于那些只关心工作的领导，采用远离法，使其寻觅不到，自然而然就想起你的联系方式，问起时再适当提出自己的要求。这样，不至于使领导认为你是故意的提出要求。

小管所做的事情对于第一位领导来讲是缺乏促其觉醒的手段，而第二次则是操之过急，刚刚上任就向领导提条件，当然遭到领导的封杀。

对于那些不是不关心，而是认为所有事情都应该由相关部门依照程序办妥的事情，应当主动提出，争取自己的权利。对于这些工作一本正经的领导来讲，提出适当的合理的要求领导会给与考虑的。

某项目经理部刚刚提起来的主任工程师，文件已经下发了，劳资部门迟迟未动，问时，答曰："需要领导认可。"向领导汇报工作时装作偶然提起："我前天在劳资部门看到我的工资，好像还是那些钱，没有变化呀。""是吗，按常理劳资部门接到任命文件就应该按照这一级别去执行，好，这事我疏忽了，一会儿问一下。"

向领导展示自己的成绩是无可非议的，但是要讲究方法，讲策略，如果盲目地去邀功求赏，不但达不到自己的目的，还会使领导产生反感，"偷鸡不成蚀把米"。

小青在一家电脑公司工作，由于他工作努力，小事大事都抢着做，而且经常主动加班，奋力拼打，他所在部门因为他的表现而在业绩上有很大长进，公司经理先是为他加薪，又是对他以及他所在的部门加以表彰。那段日子里，小青的确是非常的风光，可是没有半年的时间，他就被炒了鱿鱼。事后，有知情人透露说，这都是因为他太邀功了。有一次在本部门的总结会上，小青发言说："我的成绩大家是有目共睹的，我的成绩的取得就在于我这人喜欢走一步想三步，这是我的最大优点，我凡事都不会只看表面现象，遇事总喜欢多问几个为什么，这就是我的性格。"

怎样向领导邀功呢？

首先是采用方式适当，向领导汇报的方式是最好的，通过汇报，不仅能够表达你对他的敬意，而且会使他更加充分地了解到你在这次事件中起到的作用，毕竟分工不同，有分工就会想到担当的责任不同，从而达到邀功的目的。

采用玩笑语言要求奖励，就会涉及到相应的分配问题，也会使领导认识到你的功劳。

其次，邀功时不要忘记所有的事情都是大家共同努力的结果，把大家的功劳摆在前面。中国强调的是集体主义，在摆功时不免加上在领导的支持下，在同志们的帮助下等此类的话语。过分的自吹自擂会使领导觉得你个人主义突出，不利于团结。甚至心眼小的领导会认为你要比他高，认为自己不得志。

第三，话语要谦虚，即使在心里瞧不起所有的人，也不要得罪所有的人。众口铄金，邀功过分，就会孤立无援。

应当牢记的善处世之道：

赢得赏识是处世学中的必修课。你与别人打交道，一定要在这方面多动点脑筋。

22. 分清主次莫越权

◎ 善处世的学问

有些领导自尊心特别强，或者本身不自信，这样的领导不喜欢能够自己做主的下属。作为下级，要区分哪些事情是应该请示领导的，哪些是可以不请示领导就可以自己去做的。任何不当的做法都会触犯领导的自尊心。

* * * * * *

美国一家公司的市场调查人员罗在电脑前选择了打印的确认键。经过几个月的调查研究，终于完成了市场调查报告。正好快到周末了，他小心地检查了文件之后，分发到名单中列出的人员手中。

当他回到办公室桌前，他发现上司的脸色不对。"我意识到自己无意中冒犯了他"，罗解释说，"他给了我要分发的人员名单，我自认为按他的要求做了。然而他却因为没有看到最后定稿的文件而很恼火。"

他的上司要罗立即收回文件。然而一切都太晚了。"当我走进生产经理办公室时,他正在阅读我的那份报告。"罗说。

罗感到自从他擅自分发文件之后,上司就对他很不客气,一直在责难他的工作。很快,他意识到他曾经犯过的一个严重的错误。"那一次我让上司很难堪。"他说,"我犯下的错误让他感到自己没有在管理这个部门。"

"从上司的眼光来看,罗的行为超越了权限,"波特兰的一位心理学家及最近流行的《关于职业障碍》一书合著者阿伯塔·伯恩斯坦说。最后罗辞去了工作。

罗的经历反映了工作场合中存在的基本问题。一些小的,看起来无意中的错误有时会造成极大的职业障碍。所幸的是,如果你知道在何处容易陷入,你就能够避免这类错误。

如何避免发生此类越俎代庖的事情呢?

首先要分清哪些事情是领导要亲自拍板的,哪些是可以放手的。

下级和领导所认同的重要的事情并不完全相同,要在日常工作中注意观察。

如果分不清楚什么是重要的或者不重要的,你可以通过试探向领导询问:"我已经按照您的意见改完了,您再看一看?"或者"我改完了就发下去,行吗?"此类的话就会避免发生矛盾,即使领导指责也是责任分半了。

其次,注意程序流程。分派任务的是谁,就应当向谁负责。上下级之间的工作程序应该严格执行。

第三,领导有明确回答时,当做主时就做主;没有交代的事情不要瞎做主。

某单位小宫在经营部工作。一天下午,领导出去开会去了,一位客人下午按照约定来与领导见面。小宫上午时候听到同事们议论说领导要开一个下午的会,可能不会回来了。于是,怕打搅领导开会,也没有与领导联系,他就私自做主对那位客人说:"我们经理今天下午开会去了,不会回来了。"于是客人很不高兴地走了。半小时后,领导急匆匆赶来,开口就问是否有一位客人来,小宫将事情一说,领导当时就沉下脸来,说:"你怎么能够知道我不会回来,那位客人是我们约了好几次才来的!"

应当牢记的善处世之道:

请示领导,特别是难以决断的事情。现在通讯设备比较发达,随时准备一个电话本子,将领导的、同事的、相关联人员的联系方式记录在案,关键时刻会解脱你的责任的。

23. 巧妙地表现自己的策略

◎ 善处世的学问

在公司中,大家相互之间存在大小矛盾,但是对于一个职员来讲,最重要的是要加薪。老板看中的是能力,不是阿谀奉承。

* * * * * *

学识和能力都比较高的你,如何在众多的竞争者中脱颖而出呢,毕竟所有的人都相差无几,此时不仅需要的是你的知识水平,还需要你的表现策略:

(1) 见解独到而尊重上司

上司需要惟命是从,严格执行命令的人,但是要谋求进步,还需要能够帮助自己提出更好的建议的人。如果能够针对具体情况向领导提出一些见解独到的建议，就会受到上司的赏识。但是切记要尊重上司，不要使领导难堪，好像自己还不如下属，特别是有错误的地方。

（2）不囿于局限，还要谦虚谨慎

提出好的方法，突破旧有局限，发挥整体水平，要事先同领导沟通，不要自作主张。因为"三人行，必有我师"，领导肯定考虑的比你更加全面。即使认为领导对你的方案所提的意见不对，也不要断然拒绝。作为职员，毕竟自己离总经理的位子太远了，只有通过直接领导才能达到自己的目标。

（3）勤于思考，开拓学习

在工作中有很多简捷的途径可以利用，但是大多数人只是简单地重复，并不考虑是否有效率更高的方法。勤于思考，发现更好的方法和方式，为公司创造可观的利润无疑会得到上级的青睐。一个努力学习的下属，是被上级看好的，因为在无意之中，也许会利用自己的知识为企业创造更高的价值。

（4）不局限于本职工作

当自己的工作对你来说已经驾轻就熟时，可以考虑拓展自己的业务范围，为自己担当重任做准备，当然，这种方法首先要注意同事的看法，不要给人"夺饭碗"的印象，对于能力略差的上级，最好有所回避，否则将会多面树敌。不要与他人分享同一块面包，要自己做一个面包。

应当牢记的善处世之道：

见解独特是在公司中赢得成功的关键因素之一。你可能不太相信这一点，但是在许多场合证明，你应当注意训练自己的独特见解，一定大有益处。

24. 展示才华得相助

◎ 善处世的学问

在现代社会，同事之间的竞争有时是很激烈的，怎样在竞争中站稳脚跟，并且和同事尤其是那些与你具有同样竞争力的同事相处呢？

* * * * * *

首先要发挥自己的才华，展示自己的竞争实力，才能与最有前途的人在一起，这样才有机会脱颖而出。

赵萍和王燕同时进入现在的这家电力公司，在工作中她们不相上下。赵萍是电力局赵局长的宝贝闺女，而王燕是单枪匹马。领导由于这一层关系，比较关照赵萍。王燕并没有因为自己没有这样的关系而表现消极。在工作中，王燕经常与赵萍相互协作，完成工作中的难点，相互配合非常默契。赵萍也愿意同王燕编在一组，相互促进。在完成11万伏高压输电线路安装过程中，赵萍王燕一组晚上看图纸，安排工序，白天干活，比预定工期提前1/3完成任务，因此受到表彰。

曾经有朋友劝王燕，赵萍本来就有关系，现在你帮她的忙相当于断了自己的升迁之路。王燕对朋友说："首先我佩服的是赵萍的能力和人品，赵萍是赵局长的女儿，人家不靠自己的父亲，而靠的是实力，全局有多少人能够进行11万伏的带电作业，人家就是一个；第二，如果自己没有水平，即使领导不会看重赵萍，自己也不会有什么出息。我现在也是向她学习本事；第三，一旦赵萍升迁，自己与她配合默契，工作起来也顺手。"

通过相互之间的配合，取得了很大的成绩，并且上级领导通过赵萍也认识了王燕，认为两个人的能力同样突出，并授予她们"优秀班组"称号。在赵萍提为安装队队长之后，王燕理所当然地成为了副队长。赵萍也心里明白，没有王燕的帮助，仅靠自己也不会有这么突出的成绩。在不久之后，通过关系，将王燕调到另一部门担任正职。这样，王燕的路子也宽广起来。但是，两个人在两个部门相互协调，工作就更加好干了。

能力强的人在平时会非常注意人际关系，在表面上是看不出对人的厚薄不一的，但他需要能够与自己相互配合，互为知己的人。只有在工作中表现自我，才能与能力高的人产生相互敬佩、惺惺相惜的感情，才能够给自己机会。

展示自己的才能，配合他人的工作，或者在工序流程中能够独挑一摊，在团体运作中具有团结精神，都是能够得到别人的赏识的。

应当牢记的善处世之道：

协助别人工作同给别人当下手不一样，协助别人要有自己的思想，有自己独到的见解。没有独到的见解，总是像跟屁虫似的人云亦云，帮助别人做打杂的活儿是永远成不了气候的。

25. 巧妙推辞，制造人情债

◎ 善处世的学问

人际交往不会永远是一帆风顺的。有时自己提出的要求被人拒绝，有时不得不拒绝一些熟人、朋友、亲戚向自己提出的要求。只是由于人情关系、利害关系等等，很难说出一个"不"字。这时怎么办，这就需要"婉拒"，即委婉地加以拒绝，它能使你轻松地说出"不"字，帮

你打开人际关系的僵局。

* * * * * *

"今晚打八圈麻将吧！""下班后一起到××餐厅喝一杯吧！"当你面对这些请求时，该如何拒绝呢？

这种情况下，我们可以用亲人作为"挡箭牌"，你可以这样说："抱歉，母亲在等我回家呢。""说实在的，我内人……""小孩今天身体不舒服，我得赶回去……"这样，别人就不好强求了。

还可以以工作或功课为理由来拒绝对方。有位朋友，如果有人对他说："今晚去喝一杯吧！"他总是回答："今晚我必须到××教师家学习外语……"

还有位司机常有同事邀请他一同参加他们的聚会，由于这位司机不太习惯那种场合，总是尽力推辞。从他的工作性质来说，每天很忙，所以也往往以此为理由，对他们说："我明天要早起出车，今晚必须早点休息。"就这样轻易将聚会推辞了。

用拖延来表示拒绝，也是一种方法。比如你不想去参加某人的宴会，可以对他说："谢谢，下次我有空一定去，可今晚我不去了。"表面上并没有拒绝对方邀请，只是改个日期而已，但这个"下次"是没期限的，聪明人一听就知道这是一种委婉的拒绝。当然，这比"没空，不去！"更容易让对方接受。

如果别人为工作调动或为亲戚找份工作等等诸如此类的事找你帮忙，而你又无能为力，怎么办？

假如你马上一口拒绝，那么，对方极可能就会以认为你不肯帮助他，甚至你们的关系因此而僵化。因此，最好是使对方认为你已尽力为他服务了。

你不妨立即请对方写份简况，包括毕业于哪所学校、所学专业、本人志趣和特长、思想表现等交给你。这样的"立即行动"之举，人家就眼看到了你想帮他忙的"事实"，造成别人产生找对了人的错觉。

然后编出一套"坦率诚恳"的说辞："你的事就是我的事，我会尽力而为的，明天我就帮你打听打听……过几天你再来一次。"

几天后，你应该抢在人家还没来之前去个电话或亲自上门拜访。

"这几天我一直为你的事活动，A单位可能没有什么希望，B单位要研究研究。"

再过几天，你主动找他：

"真对不起，你托的事落空了，我通过所有我熟悉的人，但是……真没办法，等以后有机会再说哟。"

尽管你根本没有去找那些熟人，但我敢说对方一定对你很感激。

应当牢记的善处世之道：

巧妙推辞，可以减少许多不必要的麻烦。有些人正是因为不善于此道，所以常被拖垮了。

26. 春风化雨，进行感情投资

◎ 善处世的学问

感情投资是成功的一项有效方法。因此"春风化雨式"的感情投资是必要的。

* * * * * *

中国人不习惯当面说人家好话，譬如不好意思对一个姑娘说："你真美。"听的人也常故作谦虚。人家说："你这身衣服很好看。"他会回答："咳，穷人吃不起二两肉，这身衣服也扎人家的眼睛。"

另一方面，有的人在某些场合，阿谀奉承，拍马溜须又是一点儿也不脸红。

我们希望培养成一种是好说好，是坏说坏的公正坦率的社交态度。

鉴于此，我们对别人进行好的评价，用语要特别恰当，一不能被人看成是讨好巴结，二不能被误解为别有用心。

如果对某个人的才华感到敬佩，不要直露地说"你学富五车，才高八斗"之类陈旧的套话，可以这样说："我很敬佩您刻苦学习的精神，而且可以看出，您的学习方法较好，所以容易见效。"

称赞一个异性身材好，可以这样说："你可能学过健美操吧。我也很想学学，不过我这体型估计学了也没用。"

要恭维别人，以笑脸相迎，替领导提公文包，为领导点烟……等等，都必须是发自自然的反应，这样才能使上司高兴。

有一位先生，非常乐于为人帮忙，他曾任职于一家广告公司，得地利之便，搜集信息十分容易，不论是好友或是初交的人，他都能针对对象供应他们不同的资料。

或许他的记忆力特别好，在每天处理的大量信息中，遇有认为适合某人的资料，就立刻把它抽取出来，复写或影印一份，然后加上标题注明，再送给对方。由于这位先生分送给许多人他们所需要的资料，因此在社会的各个层面都十分活跃。当他死后举行葬礼时，很多人前来向他悼念。

年轻的朋友们应该向这位先生学习，自自然然地为别人做事，恭维别人，取得别人的好感，广结人缘。

为人帮忙时应该注意下列事项：①不要使对方觉得接受你的帮助是一种负担；

②要做得自然，也就是说在当时对方或许无法强烈地感受到，但是日子越久越体会出你对他的关心，能够做到这一步是最理想的；

③帮人忙时要高高兴兴的，如果你在帮人忙时觉得很勉强，意识里存在着"这是为对方而做"的观念，这是不自然的表现。

如果对方也是一个能为别人考虑的人，你为他帮忙的种种好处，绝不会像打出去的子弹似的一去不回，他一定会用别种方式来回报你。

应当牢记的善处世之道：

打出感情投资的牌，往往能使你绝地逢生。

27. 分忧解劳，积累友谊

◎ 善处世的学问

善于处世者相信：分忧解劳是大家相处的最好方案。

* * * * *

容娟、莉如、连君，学生时代是形影不离的三剑客，私交甚笃，毕业多年仍是好朋友，只是一个是银行人，一个是广告人，另一个则执教鞭，加上分居南北两地，难得聚一聚，好不容易三个人同时有空，说好一块去溪头度假。

"莉如，前一阵子听你说很忙。"

"是呀！上作忙就算了，家里还不断要你换工作、相亲嫁人，甚至频频盘问晚上哪去了，我都在加班，他们又不是不知道，问什么问。烦哪！"莉如连连发出不平之鸣。

"你算什么，我都快闹家庭革命了，交个男朋友，闹得满城风雨，天天打电话查勤，只要下班没马上回家，就说我约会去了，害得我连朋友的面也见不得。喂！莉如，下次我老爹要是打到你那去找人，你可要帮我编个理由……"

好好的一个假期，不料，却三个人尽发牢骚，平白浪费了溪头的好山好水，每次说好不谈那些令人不愉快的事，怎么嘴巴就是不受控制，又聊了回来呢？她们只好安慰自己："为了咱们心理卫生健康，发完牢骚才能快乐地生活。"于是她们把这种年度聚会定名为"垃圾假"，顾名思义是倒垃圾的。

朋友是做什么用的？有相当大的分量是用来吐苦水的。

很多时候我们的情绪不稳定是因为心里积压了太多的心事，把心事说出来，虽然不见得能解决什么问题，但至少可以减轻我们的心理压力。

不相信那么问问自己，在众多好友当中，从不曾和你吐过苦水的有几位？一定是少数中的少数吧！

再问问自己，当我们有心事时，会想找什么人说？

一个我们信得过、能够了解我们、能够理智客观帮我们看清事实、非局中人的对象。

人就是这么奇怪，对于最亲近的家人反而没办法掏心挖肺，对于朋友，说起话反倒像关不住的水龙头，一发不可收拾。难怪有些父母感慨，儿女有话都不和他们说，有事都找朋友去了，当然这也是因为长期缺乏沟通的缘故。

在我们成长过程当中，和我们一起成长过来，最了解我们的，自然就是与我们最亲的朋友了。

而在我们发牢骚的时候也有顾忌，会顾虑到他是不是当事人，和当事人亲不亲，这样他的立场才客观，我们与他也没任何利害关系，说起话来才能畅所欲言，毫无顾忌。因此，国外有心理医师的制度，与一个具有专业素质的陌生人谈我们的心事，才会没有顾虑，毫无保留。

的确，把不愉快的事闷在心里，是有碍心理健康，所以当朋友找我们吐苦水，当然是尽可能让他发泄个痛快，哪天换作我们有苦水，也才好意思"打扰"朋友。

因此当朋友一多,一个小小的垃圾桶也会累积成一"座"不小的垃圾山,而应付诸多好友的垃圾,自然需要一套方法。

最吓人的一种情况,是朋友一打照面,二话不说,晶莹的泪珠一颗颗掉落下来,我们心里不由直呼:"惨了!这下可麻烦了!"手足无措,不知该如何是好。

哭,是情绪的发泄,对于稳定情绪具有正面的作用,我们不是经常在电视连续剧里看到痛失至亲好友的人,由于受不了太大的刺激,无法正常反映他内心的伤痛,后来总是有人看不过去,想办法让他哭,才解了他的心结。

遇到朋友哭的情况也是相同,哭是好事,会哭就表示他还有感受力,能够接受受伤的事实,他想哭就让他哭个过瘾,递过一盒面纸,毋须言语陪着他慢慢哭,直到他的心情平复下来为止。

如果真是无法忍受他那关不住的水龙头,带他走走。散步,也有镇定情绪的效果,陪他走段路,让他感受友情的温暖,渐渐地他的情绪就平稳下来了。

应当牢记的善处世之道:

相互关心、相互解忧,是最基本的处世之道,但真正能做到的,就可谓知己。

28. 点旺人气的六种法则

◎ 善处世的学问

人与人之间相处,人气指数很重要,也就是说,人气指数与人缘关系成正比。

　　　　　＊　＊　＊　＊　＊　＊

　　（1）努力使自己永远受到热情接待。

　　你从来没想过宠物是唯一的为了养活自己而不需要劳动的动物？鸡要下蛋，牛要产奶，金丝雀要唱歌。狗靠对人的爱来使自己有食吃。

　　是的，一个对周围的人真诚感兴趣的人两个月结交的朋友比另一个力求使周围的人对他感兴趣的人两年结交的朋友还要多。

　　不过，我们知道有一些人一生都在努力使别人对他感兴趣，而他们自己对谁也没表示过任何兴趣。当然，这不会有什么结果。人们对您和我都不感兴趣，他们首先对他们自己感兴趣。

　　为了交朋友，不能自私，要努力关心他人，为此需要时间和热情。有一位亲王为周游南美洲，曾花几个月的时间学习西班牙语，以便用出访国语进行公开讲演。这使他博得了南美洲居民的热爱。

　　所以，你想引起人们的欣慕，你应遵循的第一条准则是："对人们表示出真诚的兴趣。"

　　（2）给人留下好印象

　　不久前，在纽约的一次宴会上，宾客中有一位继承了一大笔遗产的妇女，她渴望给所有人留下美好的印象。她拿自己的财产买貂皮、钻石和珠宝，但她不注意自己脸部易于激动和自私的表情。她不懂得每个男人都清楚：妇女的脸部表情比她的服饰更重要。

　　行动比语言更富有表现力，而微笑似乎在说："我喜欢您，您使我幸福，我高兴看见您。"这就是我们为什么喜欢狗的原因吧。狗总是高兴看见我们，满意地跳来跳去！自然，我们也高兴看见它。也有装出来的笑容，不过这种笑谁也瞒不过。装出来的笑容只能使人感到痛苦。我们在这里说的是真诚的微笑——使人感到温暖的微笑，发自内心的微笑。

(3) 避免不愉快

吉姆·法利从来没有上过中学,可到他46岁时却获得了学位,成了国家民主委员会主席和美国邮电部长。

有人跟法利谈话时,问他成功的秘诀。他说:"我能记住5万个人的姓名。"

这是真的。这种能力帮助法利把富兰克林·德兰诺·罗斯福弄进白宫。

在吉姆·法利担任石膏康采恩董事长和市公司秘书的年代里,他给自己规定必须记住与其打交道人的名字。非常简单,无论跟谁认识,他都要弄清这人的全名,询问有关他家庭、职业和他的政治观点。法利把所有这些情况都装在脑子里,当下次再遇到这个人时,甚至过了一年,他也能拍着这个人的肩膀,问他家庭和孩子的情况。一点也不奇怪,他能取得光辉的成绩。竞选前几个月——当时罗斯福是美国总统候选人,吉姆·法利一天内写了几百封信,发往西部和西北各州。他又在20天时间里,到过20个州,乘马车、搭火车和汽车,一共走了2000英里。每到一个城市他就停下来,在早饭、午饭或晚饭时间会见选民,同他们促膝谈心。

法利一到东部,就给他到过的每个城市写信,要求收信人向他回明所有同他谈过的客人。人名册上有数千个人的名字。不过名单上的每个人都收到过吉姆·法利的亲笔信。这些信开头全是"亲爱的威尔特"或"亲爱的约翰",末尾的签名全是"吉姆"。

吉姆·法利早就确信,每个人都特别对自己的名字感兴趣,其感兴趣程度胜过世上所有的名字的总和。

(4) 成为好的对话人

成功交谈的秘密在哪里?著名学者查理·艾略特说:"一点儿秘密

也没有……专心致志地听人讲话这是最重要的。什么也比不上注意听——对谈话人的尊敬了。"这非常明白。不是吗？没有必要到哈佛大学学习4年弄清这一点。我们知道有这样一些商店老板，他们选最好的店址，进货讲经济效益，花了数百美元做广告，但却雇了这样一些售货员——他们不注意听顾客讲话，经常打断顾客的话，对他们显出不耐烦的样子，惹顾客发火，从而使顾客离开商店。

您如果想成为被人喜欢的人，请记住第四条准则："要善于注意听别人讲话并鼓励其讲话。"

（5）激起他人的兴趣

所有在西奥多·罗斯福庄园里同他亲自谈过话的人都赞叹他知识渊博。

"无论是西部牧马人，还是纽约政治家或外交家来到这里，"特德福特写道，"罗斯福都善于找到同他交谈的话题。"

怎么能做到这一点呢？很简单。罗斯福在等待来访者的时候，常坐到深夜，阅读可使那位客人感兴趣的材料。

罗斯福知道，要想找到打开人心扉的钥匙，必须同他谈他最向往的东西。

假若你想使人喜欢你，遵循的第五条准则是："请谈论使您的对话人感兴趣的东西。"

（6）一见面就使人高兴

有一条十分重要的涉及人们品行的准则。你如果不轻视这条准则，你几乎永远不会落入困难的境地。谁遵循这一准则，谁将有众多的朋友并经常感到幸福。准违反这条准则，谁就会遭受挫折。这条准则是："尊重他人的优点。"

你想得到您所接触的人的赞扬，你想让别人承认你的优点。你想在你那个小天地感到自己能起些作用。

应当牢记的善处世之道:

掌握提升人气指数的方法,会让你变得更睿智。

29. 天时地利不如人和

◎ 善处世的学问

先秦时期的著名思想家孟轲说过:天时不如地利,地利不如人和。意思是说,众望所归,人心所向,是成就大事业的根本条件。

* * * * * *

孟子的这句话道破了中外历史上那些著名政治家的一条共同心术。每个聪明人都知道,要想干成一件事,就必须获得与此相关的上上下下、前后左右的人们的乐纳和认同,也就是获得人心的支持,逆历史潮流而动,冒天下之大不韪,其结果一定是可悲的。

明朝人王守仁对此深信不疑。王守仁在明朝的留都南京任职的时候,正碰上朱宸濠起兵反叛朝廷。事发之后,张忠、朱泰等人诱使皇上御驾亲征,讨伐朱宸濠。也就在这时,王守仁率兵征讨,一举擒获了朱宸濠。王守仁及时向南征的皇上汇报了消息。众奸臣大失所望,以流言蜚语中伤王守仁,又命令南征的北军肆意谩骂、寻衅闹事,有意冲撞他。

面对这种形势,王守仁始终不为所动。他采取了攻心的心术,对那些非礼的人们,一律待之以礼。他有意安排北军驻扎地的市民,除老弱病残者,一律搬往乡村,空出房舍给北军用。王守仁想犒赏北军,可朱泰等人下令给北军,不准他们接受王守仁的犒赏。于是,王守仁传谕百姓,北军离家苦楚,居民当敬之以主客之礼。王守仁每次外出,遇到北军有伤亡的,就停车慰问,厚厚地赐给他们棺材等丧葬之物,哀叹很久才离去。时间久了,北军将士都敬佩王守仁。时值冬至节王守仁又令城里举行祭奠。当时,刚刚经过朱宸濠作乱,哭灵祭酒者很多,哀痛之声不绝。面对这种情形,北军将士无不想家,他们都哭泣着请求离去。

在这种人心背景下,那些奸臣也就无计可施了。

为着获取人心,王守仁用心之良苦,手段之周详,意志之坚忍,由此可见一斑。

三国时代的风云人物刘备,也很懂得获取人心的道理。俗话说:"刘备摔孩子,邀买人心",这说明,刘备善于征得人心,已成为家喻户晓的事。

这里只叙述一下刘备与刘璋的"涪关宴"。

据《三国演义》的描写,刘备进入西川后,同刘璋在成都以北的涪关相会。会见之前,庞统对刘备说:"来日设宴,可于壁衣中埋伏刀斧手一百人,主公掷杯为号,就宴上杀之,一拥入成都,刀不出鞘,弓不上弦,可坐而定也。"庞统的这个策略,从一定意义上说,是可行的。杀掉了西川的首脑刘璋,使西川上下陷入群龙无首、一盘散沙的状态,一鼓作气,乘胜进兵,一举拿下成都,可以大大加快入主西川的进程。

但是,刘备却不以为然。他和庞统等人说,刘璋和我"同宗","不忍取之",第二天的宴会上,与刘璋"情好甚密",没有一点儿动手的意思。庞统急不可耐。派魏延登堂舞剑,乘势杀死刘璋,蜀将张任见势不妙,挥剑奉陪,在这剑拔弩张的紧张气氛下,刘备大怒,拔剑而起,力喝群雄,制止了流血事件的发生。

涪关宴上杀死刘璋,乘势夺取成都,易如反掌,刘备为何反其道而行之?

刘备入川时说的一段话,道破了其中的秘密。他说:"今与我水火相攻者,曹操也。操以急,我以宽;操以暴,我以仁;操以谲,我以忠；每与操相反。事才可成。若以小利失信于天下，吾不忍也。"这就是说。刘备想在天下树立起一个宽仁忠厚的人主形象，和曹操的残忍狡猾形象相对应，征服人心，号令天下。

得人心者得天下，失人心者失天下，这是刘备坚信不疑的哲学。就入主西川而言，如果采纳庞统的意见，于宴席上杀死刘璋，很可能失去西川大众的人心，为建立西川这块根据地造成诸多不利条件。因为，虽然刘璋"禀性暗弱，不能任用贤人"，把四川搞得一片昏暗，"人心离散，思想明主"，但人们对刘备还不了解，究竟是不是明主，还不清楚。在这种恩信未立的时候，贸然杀人，只能让人把自己和曹操归类一处，"上天不容，下民亦怨"，得不偿失。为此，他决计不杀刘璋，反倒装出一副情投意合的样子。

可见，刘备不杀刘璋，并非不想，而是不敢。这是出于政治的考虑，是为保证征服人心的大局而采取的权宜之计。

后来，刘备受刘璋之请，前往葭萌关抵御张鲁，他借此广收民心，然后，又以"回荆州"为名，向刘璋借兵借粮。当刘璋只借给他"老弱兵四千，米一万斛时"，刘备发现借机发难的时机已经成熟。不禁拍案大怒："我为汝御敌，劳心费力，汝今积财吝赏，何以使士卒效命乎？"这样，"名正言顺"地和刘璋闹翻，争得了政治上的主动权。

刘备对人心的认识和追求，说明他确实是一位高瞻远瞩的政治家。由此也可以知道，在英雄并起，豪杰如林的东汉末年，刘备以屈指可数的家底不断发展壮大，最后与强魏悍吴并立而三，绝不是偶然的。

应当牢记的善处世之道：

"人和"是人际关系优质化的表现。善于处世者以人和为本，去开拓自己的事业，是明智之举。

30. 以"善"字待人

◎ 善处世的学问

古人对"善有善报,恶有恶报"的箴言深信不疑。所以,历来成大事者常常以与民为善的道德仁义之军,来争取民心,树立信义,获取政治资本。中国有则"结草衔环"的成语,讲的就是示德于民,终有善报的典型事例。

* * * * * *

《左传·宣公十五年》记述:春秋时,秦桓公进攻晋国。晋国大夫魏颗领民抵御,把秦军打败,并且俘获了秦国的名将杜回。据说本来魏颗是打不过杜回的,只因在战斗中,出现了一位老人,他把地上的草打成了许多结,杜回被草绊倒了,才被魏颗活捉的。魏颗不明白这位老人为什么要帮助自己。晚上,魏颗做了一个梦,梦中那位老人对他说:"我的女儿,便是你父亲的妾。你父亲临死时,不是叫你把她殉葬的吗?可是你后来没有照办,而是让她改嫁了。你这样救了我女儿的性命,我一直非常感激你。所以在战场上结草绊倒杜回,便是为了报答你的恩情。"

"衔环",讲的是另一则故事,见于南北朝时梁国人吴均的《续齐谐记》:后汉人杨宝,九岁时,有一天在山下看见一只受了伤的黄雀,跌落在一株树下,浑身爬满了蚂蚁,眼看快要死了。杨宝可怜这只小黄雀,便把它救起,带回家中,养了起来,每天采些花蕊来喂它。一百多天后,小黄雀的伤好了。杨宝便把它放飞走了。当晚,杨宝梦见一个黄衣童子,口衔四个白玉环,说是送给杨宝的礼物,并且感谢他救命之恩,祝福他的子孙像玉环一样纯洁清白,世代幸福。说完,化作一只黄雀飞去了。

"结草衔环"这两则典故,具有浓厚的封建迷信色彩,宣扬的是善有善报、以德报德的观念。

封建政治家称统治者对黎民百姓采取某些宽恕的态度和仁善的举止为"鬻德"。"鬻德"的形式很多,有做好事而使人知道的,有暗地里做好事以结恩于他人的,有隐恶扬善以讨好他人的。据历史记载,楚庄王有一次设宴赏赐群臣,天黑了,可灯烛突然灭了。乘着黑暗混乱,有人拉扯着美人的衣衫,而美人也扯下了对方官帽上的坠缨(缨是贵族和官位的象征和标志),并告诉了楚庄王,还要让人点亮灯烛来查这个帽子上没了缨的臣子。楚庄王心想:是我赐给的酒,使人喝醉后失了礼仪,难道让我为了显示妇道人家的贞洁而玷辱我的臣子吗?于是,向群臣下命令:"今天同我喝酒的,不去掉帽上坠缨的不算尽欢。"臣子们都纷纷去掉自己的帽缨,然后点上灯火,尽兴欢宴。后来,晋国与楚国交战,有一位臣子勇往直前,五次冲锋五次斩获敌人首级,打退了敌人。等到胜利后,楚庄王很奇怪这位臣子为何这样勇猛,一问,原来是那晚酒宴上被美人扯断帽缨的人报答庄王大恩的。

《贾谊集》中记述了这样一则故事:楚惠王吃酸菜时见到菜中有一条蚂蟥,于是就吞了下去。结果肚子痛得不能吃饭。令尹前来问候,说:"大王怎么得了这样的病?"楚惠王说:"我吃酸菜时见到一条蚂蟥,我想,如果把这事张扬出去,只是责斥庖厨等人,而不治他们的罪,这就违反了法度,那样,今后我自己的威信就无法树立了;如果追究他们的责任,就应诛杀他们,这样,太宰、监食的人,按法律都将处死,我的心里不忍啊。所以,我生怕菜里的蚂蟥被别人看见,于是就吃了下去。"令尹深深地施了一个大礼,祝贺道:"我听说皇天是铁面无私,六亲不认的,只是对有德行的人才给予辅佐。大王您大仁大德,正是皇天保佑的人啊,这点小病是不会伤害您的。"当天晚上,楚惠王肚里的蚂蟥真的出来了,所以,久病的肚子完全好了。

　　封建统治者常常采用示德于人的方式,宣扬自己的德政,让百姓群臣因为君王的宽仁厚爱而心甘情愿地服从其统治,为其卖命。今天看来,这是一种沽名钓誉的方式,但当时却往往是极为虔诚有效的一种统治艺术。

　　贾谊曾经讲了这样一例史实:春秋时梁国大夫宋就,驻守在与楚国接壤的边境。梁楚两国在军营周围都种了瓜,各自都记了棵数,梁国这边的士兵勤于浇灌,所以瓜长得很好;楚国这边由于浇灌不勤,瓜长得不好。楚国的士兵妒嫉梁国的瓜长得好,于是乘黑夜摸到梁国的瓜地骚扰了一通,结果,瓜全部枯死。梁国的卫士得知后请求也去以牙还牙。宋就说:"啊!这是什么话?这是结怨招祸的行为呀。"下令梁国卫士悄悄为楚国瓜地浇灌,不要让对方知道。等到楚国的卫士来看瓜时,都已浇灌过了,这样,瓜长得一天比一天好。楚国的卫士感到奇怪。于是就偷偷地观察,这才发现是梁国卫士干的。楚国国王知道这件事后十分高兴,说:"只是骚扰了瓜地,没有其他的过错吧?"对梁国人这样崇尚礼让非常满意,深受感动。于是,派人送去许多金钱表示道歉,并且要求和梁王结交。楚王从此经常称道梁王讲信义、尚礼让。所以,梁、楚两国友好相处,就从宋就处理这件事开始了。老子说过:"要用恩德报答对方的仇怨。"说的就是像宋就这样的人呀!为人不善良,哪里值得效法呢?

　　应当牢记的善处世之道:

　　善良者,终能得到真诚的回报。这是一条成功的硬道理。

二、巧说话
学会让对方兴奋起来

31. 说服别人要循序渐进

◎ 巧说话的学问

说服别人不能急于求成，要循序渐进，才能起到良好的效果。

* * * * * *

（1）最大限度地了解对方

想要让对方同意你的意见，第一步就是要设法先了解对方的想法与凭据来源。

曾经有一位很优秀的管理者这么说："假如客户很爱说话，那么我已有希望成功地说服对方，因对方已讲了七成话，而我们只要说三成话就够了！"

事实上，很多人为了要说服对方，就精神十足地拼命说，说完了七成，只留下三成让客户"反驳"。这样如何能顺利圆满地说服对方？所以，应尽量将原来说话的立场改变成听话的角色，去了解对方的想法、意见，以及其想法的来源或凭据，这才是最重要的。

（2）先接受对方的想法

例如，当你感觉到对方仍对他原来的想法保持不舍的态度，其原因是尚有可取之处，所以他反对你的新提议，此时最好的办法，就是先接受他的想法，甚至先站在对方的立场发言。

"我也觉得过去的做法还是有可取之处，确实令人难以舍弃。"先接受对方的立场，说出对方想讲的话。为什么要这样做呢？因为当一个人的想法遭到别人一无是处的否决时，极可能为了维持尊严或咽不下这口气，反而变得更倔强地坚持己见，拒绝反对者的新建议。若是说服别人沦落到这个地步，成功的希望就不大了。

曾经有一个实例，某家庭电器公司的推销员挨家挨户推销洗衣机，当他到一户人家里，看见这户人家的太太正在用洗衣机洗衣服，就忙说：

"唉呀！这台洗衣机太旧了，用旧洗衣机是很费时间的，太太，该换新的啦……"

结果，不等这位推销员说完，这位太太马上产生反感，驳斥道：

"你在说什么啊！这台洗衣机很耐用的，到现在都没有故障，新的也不见得好到哪儿去，我才不换新的呢！"

过了几天，又有一名推销员来拜访。他说：

"这是台令人怀念的旧洗衣机，因为很耐用，所以对太太有很大的帮助。"

这位推销员先站在这位太太的立场上说出她心里想说的话，使得这位太太非常高兴，于是她说：

"是啊！这倒是真的！我家这部洗衣机确实已经用了很久，是太旧了点，我倒想换台新的洗衣机！"

于是推销员马上拿出洗衣机的宣传小册子，提供给她做参考。

这种推销说服技巧，确实大有帮助，因为这位太太已被动摇而产生购买新洗衣机的决心。至于推销员是否能说服成功，无疑是可以肯定的，只不过是时间长短的问题了。

善于观察与利用对方微妙心理，是帮助自己提出意见并说服别人的要素。

一般来说，被说服者之所以感到忧虑，主要是怕"同意"之后，会不会发生意想不到的后果；如果你能洞悉他们的心理症结，并加以防备，他们还有不答应的理由吗？

至于令对方感到不安或忧虑的一些问题，要事先想好解决之道，以

85

及说明的方法，一旦对方提出问题时，可以马上说明。如果你的准备不够充分，讲话时模棱两可，反而会令人感到不安。所以，你应事先预想一个引起对方可能考虑的问题，此外，还应准备充分的资料，给客户提供方便，这是相当重要的。

（3）让对方充分了解说服的内容

有时，虽然有满腹的计划，但在向对方说明时，对方无法完全了解其内容，他可能马上加以否定。另外还有一种情形是，对方不知我们说什么，却已先采取拒绝的态度，摆出一副不会被说服的模样；或者眼光短窄，不听我们说者也大有人在。如果遇到以上几种情形，一定要耐心地一项项按顺序加以说明。务求对方了解我们的真心旨意，这是说服此种人要先解决的问题。

应当牢记的巧说话之道：

对不能完全了解你的建议的人，千万不可意气用事，必须把自己新建议中的重要性及其优点，一下打入他的心中，让他确实明白。举一个例子加以说明，假如你前往说服别人，第一次不被接受时，千万不可意气用事地说："讲也是白讲！""讲也讲不通！浪费唇舌。"一次说不通就打退堂鼓，这样是永远没有办法使说服成功的。

32. 说服别人的四个步骤

◎ 巧说话的学问

说服别人应当有步骤地进行，不可莽撞出口。这是巧于说话者的共同特点。

* * * * * *

有一次，卡耐基突然同时接到两家研习机构的演讲邀请函，一时之间，他无法决定接受哪家邀请。但在分别和两位负责人洽谈过后，他选择了后者。

在电话中，第一家机构的邀请者是这样说的：

"请先生不吝赐教，为本公司传授说话的技巧给中小企业管理者。由于我不太清楚您所讲演的内容为何，就请您自行斟酌吧。人数大概不超过一百人……万事拜托了！"

卡耐基认为，这位邀请者说话时平淡无力，缺乏热忱。给人的感觉，便是一种为工作而工作的态度，让人感受不到丝毫的热情，也让他留下相当不好的印象。

此外，对方既没明确地提示卡耐基应该做什么、要做到什么程度，也没有清楚交待听讲人数，教他如何决定演讲内容呢？对此，卡耐基自然没有什么好感。

而另一家机构的邀请者则是这样说的：

"恳请先生不吝赐教，传授一些增强中小管理者说话技巧的诀窍。与会的对象都是拥有五十名左右员工的企业管理者，预定听讲人数为七十人。因为深深体悟到心意相通的时代离我们越来越遥远，部属看上司脸色办事的传统陋习早已行不通。因此，此次恳请先生莅临演讲的主要目的，是希望让所有与会研习者明白，不用语言清楚地表达出自己想法的人，是无法成为优秀的管理人才。希望演说时间能控制在两个钟头左右，内容锁定在：

（1）学习说话技巧的必要性；

（2）掌握说话技巧的好处；

（3）说话技巧的学习方法。

这三方面，希望能带给大家一次别开生面的演讲。万事拜托了！"

卡耐基可以感觉到这家机构的邀请者明快干练、信心十足，完全将他的热情毫无保留地传达给了自己。更重要的是，对方在他还没有提出问题的情况下，就解答了所有的疑问。因此，在卡耐基的脑海里立刻浮现出自己置身讲台的情景，并且很快就能够想象出参加者的表情，以及自己该讲述的内容等。显然，这种邀请方式很能带给受邀者好感。

显然为了说服别人，是需要一定技巧的。其中最重要的是依循一定的步骤。

说服他人应按照什么样的程序来进行呢？大致有以下四个步骤：

（1）吸引对方的注意力和兴趣

为了让对方同意自己的观点，首先应吸引劝说对象将注意力集中到自己设定的话题上。利用"这样的事，你觉得怎样？这对你来说，是绝对有用的……"之类的话转移他的注意力，让他愿意并且有兴趣往下听。

（2）明确表达自己的思想

具体说明你所想表达的话题。比如"如此一来不是就大有改善了吗？"之类的话，更进一步深入话题，好让对方能够充分理解。

明白、清楚的表达能力是成功说服中不可缺少的要素。对方能否轻轻松松倾听你的想法与计划，取决于你如何巧妙运用你的语言技巧。

（3）动之以情

通过你说服对方的内容，了解对方对此话题究竟是否喜好、是否满足，再顺势动之以情或诱之以利告诉他"倘若遵照我说的去做，绝对省时省钱，美观大方，又有销路……"不断刺激他的欲望，直到他跃跃欲试为止。

说服前必须能够准确地揣摩出对方的心理，才能够打动人心。如：他在想什么、他惯用的行为模式如何、现在他想要做什么等。一般而言，人的思维行动都是由意识控制，即使他人和外界如何地建议或强迫，也不见得能使其改变。

（4）提示具体做法

在前面的准备工作做好之后，就可以告诉对方该如何付诸行动了。你必须让对方明了，他应该做什么、做到何种程度最好等等。到了这一步，对方往往就会很痛快地按照你的指示去做。

应当牢记的巧说话之道：

有步骤、分阶段地说话，是不能忽略地成功交谈艺术。

33. 向上司提异议的原则

◎ 巧说话的学问

怎样向上司提出异议呢？作为下属这可是一个棘手的问题。

* * * * * *

帕特丽夏·科克女士是马萨诸塞州智囊团的成员，她工作精干而颇有建树，但始终没有被提升。终于在某一天，她为这事与上司争了起来。

"在争论中，我们互不相让，气氛十分紧张，"这位女士后来回忆说："然而这场唇枪舌战之后不久，我就不得不离开了那家公司。"

非常遗憾，科克没有遵守同上司打交道的基本规则：没有把握取胜，别轻易向头儿开战。不过这并不意味应当尽量避免与上级冲突。对一位不甘寂寞的下属来说，至关重要的恰恰不是唯唯诺诺，而是把自己的不同见解恰到好处地向上司表明。而避免矛盾，只能暂时奏效，如长此以往，下属吃不香睡不甜，人格受贬，上司则耳不聪目不明，指挥无当。

如何才能做到既提出异议，而又不冒犯上司呢？以下几条规则也许对一些欲言又止的雇员们有些参考价值。

（1）选择时机

在找上级阐明自己不同见解时，先向秘书了解一下这位头头的心情如何是很重要的。

即使这位上司没有秘书也不要紧，只要掌握几个关键时间就行了。当上司进入工作最后阶段时，千万别去打扰他；当他正心烦意乱而又被一大堆事务所纠缠时，离他远些；中饭之前以及度假前后，都不是找他的合适时间。

（2）先消了气再去

如果你怒气冲冲地找上司提意见，很可能把他也给惹火了。所以你应当使自己心平气和，尽管你长期以来已积聚了许多不满情绪，也不能一古脑儿抖落出来，应该就事论事地谈问题。因为在雇主的眼里，一个对企业持有怀疑态度，充满成见的雇员，是无论如何也无法使他重鼓干劲的，这个雇员也就只能另寻出路了。

（3）鲜明地阐明争论点

当雇主和他的下属都不清楚对方的观点时，争论往往会陷入僵局，因此雇员提出自己的见解时必须直截了当，简明扼要，能让上级一目了然。

在纽约市财政部门任职的一名科长克莱尔·塔拉内卡很少与上级有摩擦，但并不是说她对上司百依百顺，她会把自己的不同意见清楚明了地写在纸上请上司看。"这样能使问题的焦点集中，有利于上司去思考，也能让上司有点回旋的余地。"她说。

（4）提出解决问题的建议

通常说来，你所考虑到的事情，你的上级早已考虑过了。因此如果你不能提供一个即刻奏效的办法，至少应提出一些对解决问题有参考价值的看法。

（5）站在领导的立场上

要想与上级相处得好，重要的是你必须考虑到他的目标和压力，如果你能把自己摆在上级的地位看问题、想问题，做他的忠实合伙者，上级自然而然也会为你的利益着想，有助于你完成自己的目标。

应当牢记的巧说话之道：

把握说话时机，说一句话就能顶好几句话。

34. 制造借口，摆脱麻烦

◎ 巧说话的学问

在与同事交往的过程当中，免不了遇上各种各样的麻烦，即使是日常的琐碎小事，陷到里面去，进不得，退不行，也往往叫人头痛不已。其实，所谓麻烦的事情，绝大多数并不麻烦的。倘若将处世行事的办法灵活地变通一下，麻烦往往也就随之消失。一种非常有效的办法叫作创造借口。

* * * * *

在某个偶然的场合中，你见到一个非常想见的人，如一个你倾慕的异性。你很想再见到她，但太直率地闯去，未免没有气氛，或许还会令人尴尬。这时你不妨制造一个借口：比如，你在离开时，装作无意地带走了她的一样东西，或者似乎粗心地忘下了一些什么，于是，你可以再次很自然地拜访她，而你的粗心，已经给了对方一定的安全感；你有意留下的东西，则可以成为谈话的话题。

在约会时迟到了，对方明显地不悦，这时你不妨试试创造借口的能力:"车太挤"、"表停了"、"我的经理正找我有要事商量",这些也许是事实,但它们太平淡太正常了,以至于很难形成冲击力卸去对方心中的不快。

"怎么,我打电话给过你的同事的呀,告诉你我要推迟一刻钟,接电话的人没有转告过你吗?"这是以攻为守的借口。"对不起,我刚才已经来了,不过我们主任就站在你旁边等车,没注意到?就那个穿蓝西装的。我不太好意思过来了……"这是出奇制胜的借口。

其实,任何事情,除了它的真实原因之外,都完全可能存在一些逻辑上也成立的理由,这就是借口。一个巧妙的借口,可以把需花费半天口舌也未必能说清,甚至还会伤害彼此的麻烦化为无形。它为我们的日常生活起到了类似润滑剂的作用。

借口还可以借助于某种媒介,很艺术地创造出来。比如,电话就是一个极好的工具。

一个语言啰嗦,但你又不能得罪、急慢的客户在你的办公桌前滔滔不绝地说着无用的话语。你没法让他停下来,你也不能直截了当地推托有急事而跑开。那么你不妨写个小纸条递给身边的同事:"到隔壁打个电话给我"。几分钟后,电话铃响了,你边听边说:"什么?马上去?不行啊,我这里有个很重要的客人,他的事很要紧。什么?非去不行……好吧。"于是,你可以非常抱歉地送走那位饶舌来客,而且也没有伤害他的自尊心与你们的感情。

应当牢记的巧说话之道:

借口不是欺骗,欺骗有明显的损人利己的功利性,而借口没有。世界很复杂,人性也同样复杂。许多事,说不清讲不明,说清讲明,反而是最大的错。创造出种种借口来,却是对这些似乎不可避免的相互伤害的躲避。

35. 反唇相讥的说话个性

◎ 巧说话的学问

在我们探讨说话个性时，免不了要谈到"反唇相讥"。——用诘难的方式反驳对手。

* * * * * *

一次，诗人歌德到公园散步，不巧在一条仅容一人通过的小径上，碰见一位对他抱有成见并把他的作品批得一文不值的批评家。狭路相逢，四目相对。批评家傲慢地说："对一个傻瓜，我绝不让路。"歌德面对辱骂，微微一笑道："我正好和你相反。"说完往路边一站。顿时，那位批评家的脸变得通红，进退不得。

显然，批评家的言行是粗野失礼的。然而，诗人既没有气极败坏地以谩骂反击，也不想吃哑巴亏，而是接过对方的话头，以礼貌的方式，给以巧妙反击。既教训了对方，维护了自己的尊严，又体现了高雅风度。这就是一种成功的反击形式——反唇相讥。这种反讥往往能抓住对方污辱性话题，机智地加以改造，运用具体丰富潜台词的话语，回敬给对方，简练而精巧，文雅且有力。显然，这是一种具有一定交际价值的以防卫为主旨的表达方式。其形式有：

（1）点睛式

就是针对对方的讥讽攻击之词，运用点睛之语，点明事物的本质、问题的要害，"拨乱反正"，使真相大白，将对方陷入不利境地。

前苏联首任外交部长莫洛托夫是一位贵族出身的外交家。在一次联大会上，英国工党一位外交官向他发难，说："你是贵族出身，我家祖辈是矿工,我们两个究竟谁能代表工人阶级呢?"莫洛托夫面对挑衅,不慌不忙地说:"对的,不过,我们两个都当了叛徒。"对方被驳得无言以对。在这里,莫洛托夫的高明之处在于他并不与对方在现象上纠缠,而是抓住实质问题,指出了各自都背叛了原来的阶级这一要害,画龙点睛,一语中的,使对方搬起石头打了自己的脚。

俄国学者罗蒙诺索夫生活俭朴,不太讲究穿着。有一次有位注重衣着但不学无术的德国人,看到他衣袖肘部有一个破洞,就挖苦说:"在这衣服的破洞里我看到了你的博学。"罗蒙诺索夫毫不客气地说:"先生,从这里我却看到了另一个人的愚蠢。"对方借衣服破洞,小题大作贬低人,反映了他的无耻和恶劣的品格。罗蒙诺索夫则机敏地选择了与博学相对应的词语"愚蠢",准确地回敬给对方,使嘲弄人者受到嘲弄。

(2) 作比式

有些人常常用不雅事物作比,讥讽、贬低别人的人格。如遇这种情况,你不妨采用同样的思路,以作比对作比,给以反击。

达尔文提出生物进化论后,赫胥黎竭力支持和宣传进化论,与宗教势力展开了激烈的论战。教会诅咒他为"达尔文的斗犬"。在伦敦的一次辩论会上,宗教头目看到赫胥黎步入会场,便骂道:"当心,这只狗又来了!"赫胥黎轻蔑地答道:"是啊,盗贼最害怕嗅觉灵敏的猎犬。"有力地回击了对手。在这里,双方都"作比",然而,赫胥黎巧妙地把两个作比物联系起来运用"盗贼怕猎犬"这一人所共知的常理,暗示宗教头目与他的现实关系,从而戳穿了宗教头目的丑恶本质和害怕真理的面目。

俄罗斯著名作家克雷洛夫,身材肥胖,面色较黑。一天他在郊外散步,遇到两位花花公子,其中一位大笑着嘲讽道:"你看,来了一朵乌云。"克雷洛夫答道:"怪不得青蛙开始叫了!"那两个无礼之徒讨了个没趣，灰溜溜地走开了。

应当牢记的巧说话之道：

反讥者并不纠缠对方的不良动机和不实之辞，而是以客观事实为依托，着力选用精辟、准确、内涵丰富的词语，回击之。从字面上看这些词语轻描淡写，仔细琢磨却"话中有话"，隐含着事实的本质和真相，对方一旦领悟已是猝不及防，只能败北了。同样，用作比方式反讥，往往是利用事物间的"相克"关系，或相连关系，附会自己的思想感情，达到压倒对手，批驳对手的目的。若用得恰当能产生强烈的讽刺意味和反驳效果。

36. 努力使谈话有个好的开头

◎ 巧说话的学问

怎样使彼此的对话取得最好的沟通效果呢？人们发现，在人际交往中，人们往往注意外表、服饰的"首因效应"。"首因效应"带有鲜明的情绪色彩，影响人们对你的认识。以说话而言，说好第一句话，就像掘井时选点的第一炮，打好了，打准了，话题才会源源而来，长谈、深谈才有可能进行，友谊才会发展。

* * * * * *

第一句话的精粗优劣，很难反映出一个人的修养状况和口才水准。它或给人希望，或给人遗憾；或使人活跃，或使人沉闷；或提供一种契机，或丧失一次良机。

当你走上交际的大舞台时，绝对不可以一时兴至，脱口而出，而需要深思熟虑，从容而道，让你的第一句话成功地叩开交友的大门，吸引对方，促使对方产生交谈的愿望，为下一步的"全面进攻"创造一种文化氛围。

那么，如何才能说好第一句话呢？

第一，与陌生人初次结识，要用主动问候的方式，以尊敬的语气，体现出你的坦诚、真挚和热情，神态自若，夸奖合体，而不要扭捏作态，故弄玄虚。

语言作为思想感情的流露，首先要求自然真诚，以消除对方的戒备心理。

苏联女英雄卓娅就是通过她的热情而结识了苏联儿童文学作家盖达尔的。

雪后初晴的一天，作家盖达尔正在公园里兴致勃勃地像个小孩似的在堆雪人。忽然，在他身后响起了"咯吱咯吱"的踏雪声，回头一看，一位年轻姑娘正向他走来。

姑娘彬彬有礼地向他伸出右手说："我认识你。你是作家盖达尔。我读过你的全部著作。"

盖达尔听了微笑着幽默地说："我也认识你。你或许是 7 年级或 10 年级的学生。我也读过你全部的书：代数、物理、三角。"

卓娅笑着作了自我介绍。从此，他们相识并成了好朋友。

第二，所说的话要使对方听得懂，听得进，入脑入耳。做到心理相容才能激起心理共鸣。如果第一句不慎，那完全有可能"满盘皆输"。

第三，要以赞扬为基调。当然，赞扬不是毫无诚意的恭维。出自肺腑的赞语，才能激起对方的自豪和信任感。每个人都会遇到各种各样的难题，不论是不幸还是挫折，无论是他人的恶意攻击，还是自己满怀的希望遭到了破灭，当我们谈起这些经历时，也许不必使用那些过于沉重和具有攻击性的语言，毕竟我们的文化可以教会我们使自己的语言变得更含蓄、更文明。

（1）充满爱心地去说

一个全家企盼已久的孩子终于诞生了。但是娃娃的上身才出产道，医生就倒抽一口凉气。当娃娃下半身也出来的时候，大家都呆住了。

"快！快！快！把他送进保温箱。"医生反应还算不错，怕产妇受不了打击，匆匆忙忙剪断脐带，包起来，交给护士。

之后的一个月，每天婴儿被抱给产妇喂奶时，每个"新妈妈"怀里都有一个娃娃，只有"那个娃娃"的妈妈，见不到她的孩子。

"黄疸严重，现在不能看。"大家总是这样骗她，并私下商量，什么时候可以带她去看那畸形的儿子。一个月过去了，不能再瞒了。

医生、护士和家人们，十分紧张地把"那位母亲"带去看她的儿子，大家做了最坏的打算，想她会尖叫着晕倒，想她会转身离开，想她会痛哭失声……甚至为她准备了一张空的病床。

她终于见到那没有双臂，也没有双腿的孩子。"好可爱！"她居然笑着说。

那天生重度残障的孩子，就是现在日本著名的作家、《五体不满足》的作者——乙武洋匡。

（2）把怒火换成耐心的劝告

孩子放学了，琳琳去接他，"今天考算术了吗？"琳琳问。

"考了！"

"你考几分？"

儿子支支吾吾了半天说："五十分。"

琳琳大吃一惊，本来想劈头一巴掌："你要死了啊！我回去好好揍你一顿。"但是怕孩子当街哭起来，丢人，于是压下怒火，一路想，"我该怎么说？"

孩子显然怕了，低着头，跟平常有说有笑，判若二人。琳琳看在眼里，有点心疼。到家，气也消了。

二　巧说话　学会让对方兴奋起来

97

她先叫孩子洗手，喝杯果汁，又叫他："拿出试卷，给妈看看。"

看完，琳琳平静地说："十题，错了五题，另外几题怎么错的？看！有些是粗心，粗心最不应该，也最简单，下次细心，多检查几遍，应该能不粗心了。发现有两题不会，也好，来！我教你。下次就会了。"

（3）将悲痛化成对他人的关怀

1997年1月16日，美国著名电视演员《天才老爹》的主角比尔科斯比在哥伦比亚大学研究所念书的儿子，居然在高速公路上被人射杀。

比尔科斯比沉痛地参加了葬礼，呼吁把凶手绳之以法，然后，他在电视上消失了好一阵子。

隔几个月，他又出现了。在电视上，有人问他对这悲剧的想法。

"我们的心与所有曾经遭遇不幸的家庭连在一起，要分享这样的经验真不容易。"比尔科斯比平静地说。

被称为"台湾半导体之父"的张忠谋，在谈到他女儿发生车祸时说：

"幸亏只有她一个人受伤，没有伤到别人。"

（4）永远保持乐观

美国前总统里根的艾兹海默症愈来愈严重了。

在电视上，里根夫人南希接受了芭芭拉瓦特丝的访问："听说里根先生病得很重，现在情况如何？"

南希笑笑："感谢上帝，好得已经出乎我们的意料了。"

（5）婉转表达对他人的指责

旅馆里借给旅客使用的浴袍总是失窃。

客房部主任气愤地写了一张公告，打算发到各房间——"偷窃本旅馆浴袍者，将被送警纠办。"

隔一天，他把内容改了——

"请勿将本旅馆的浴袍携走，以免触法。"

隔一天，他又把内容改了——

"如果您对浴袍感兴趣，请到客房部，我们有全新的，可以卖给您。免得您拿走用过的浴袍，却被扣了新浴袍的钱。"

(6) 站在对方的立场上去说服

明明医生开了药，老太太却固执地不吃，结果整夜不停地咳，吵得儿子睡不好觉。

"我要去说说老娘！"儿子早上对太太说："她太过分了，简直跟我们过不去嘛！"

"别急！别急！"太太把他拉住："先想想，换个方法说。"

吃早餐时，儿子对老母开口了："妈！真是母子连心，您咳嗽，就算很小声，我都会听到，我们更是心中不安。您上床前还是吃点药吧！"

(7) 给他一顶"高帽子"戴

女儿交了个男朋友，他的脾气居然跟她的父亲一样，固执。有一次为了约会，还顶撞了"老先生"。

"你为什么会爱上这小子？"老先生厉声问女儿："他哪一点好？值得你爱？"

"爹！你不觉得他的个性很像你吗？有一点直，有一点固执。"女儿说："我爱你的个性，觉得像他这样有坚持到底的个性的人能成功。他虽然不及你，倒是多少有点像，所以我爱他。"

(8) 从另一个角度表达你的意思

小芳带了三个顽皮的孩子来，在小赵的玫瑰花园里撒野。

小赵在屋里看了，火在心里地说：

"我要出去好好训训这些小鬼，把我的花都弄断了。"

"何必你去呢？"太太说："由我去。"

赵太太走到花园，小芳居然正盯着乱跑的孩子，得意地笑呢！

"小芳！"赵太太小声说："那些花都有刺，又刚喷了杀虫剂。我老

99

公说,小心孩子被刺绊倒,有毒。他在楼上看了,紧张得不得了呢!"

(9) 永远站在有利的一面

"我家对面新开的公园里,就要盖图书馆了。"老太太逢人就说:"多棒啊!你们要常来,一起去看书。"

隔一阵,政府改变计划,不盖图书馆了。

"我家对面新开的公园里,现在不盖图书馆了。"老太太还是逢人就说:"多棒啊!全是绿地,你们要常来,一起去散步。"

应当牢记的巧说话之道:

在社交场合,人们最具体、最有效的交友方式,则是通过交谈,使彼此有一个初步或充分的了解,为进一步的交往创造机会。这是因为,人们的交谈具有两重性——给予和获得。同时,它又是多方面的——许多人的思想交流、人际沟通。因此,英国著名剧作家萧伯纳曾说过一段耐人寻味的话:"倘若你有一个苹果,我也有一个苹果,而我们彼此交换这些苹果,那么你和我仍然是各有一个苹果。但是,倘若你有一种思想,我也有一种思想,而我们彼此交流这些思想。那么,我们每人将各有两种思想。"

37. 迂回地表达你的意愿

◎ 巧说话的学问

迂回地表达自己的想法,是说话的学问。这需要仔细观察。

* * * * * *

两岁的孩子想要得到妈妈给的冰淇淋,除了反复哭闹以外,可能别无办法。但孩子到了四岁,已经懂得如何迂回地表达自己的意愿。例如，想要吃冰淇淋的他会指着冰淇淋的宣传画问：妈妈，这是什么。如果得不到他会接着问，这是干吗用的。这种方法通常很奏效。

　　同样，许多人在日常交往中，也懂得如何使用迂回表达，这是整个社会走向文明的一个表现。当然，使用迂回表达法说话，态度要始终充满自信。当谈判双方在某个问题上争执不下时，自信加技巧，是胜利的因素。谁更自信，说话更有技巧，谁获得成功的可能性就越大。

　　有位营业员一次接待一位年近花甲的老大娘。老大娘选好了两把牙刷，由于营业员忙着又去接待另一顾客，老大娘道声谢后就抬脚走了。

　　这时营业员才想到钱还没收。

　　营业员一看，大娘离柜台不远，便略提高声音，十分亲切地说："大娘——你看——"

　　老大娘以为什么东西忘在柜台上了，便走了回来。营业员举着手里的包装纸，说："大娘，真对不起，您看，我忘记给您的牙刷包上了，让您这么拿着，容易落上灰尘，多不卫生呀，这是入口的东西。"

　　说着，接过大娘的牙刷，熟练地包装起来，边包边说："大娘，这牙刷，每支五角五分，两支共一元一角。"

　　"呀，你看看，我忘记给钱了，真对不起！"

　　"大娘，我妈也有您这么大年纪了，她也什么都好忘！"

　　这个营业员用了一个小小的"迂回术"，很自然地把大娘请了回来，又很自然地把谈话引到牙刷的价格上，这样一点拨，大娘也就马上意识到了。

　　整个谈话中，这位营业员没有一个发难的词，没有一句说及钱未付，启发得十分自然，引导得十分巧妙。

　　如果他不是使用"迂回术"，而是对着刚离开柜台的大娘喊一声："哎，您还没付钱呢！"

这样做也未尝不可，并且省力多了。但是，对方会十分难堪。使顾客难堪，对做生意是不利的。我们在日常工作和生活中，也不妨多使用一些像这样的迂回表达法。

应当牢记的巧说话之道：

迂回表达的说话方式可以使你减少正面交火，而从侧面接近自己的目标。

38. 利用提问挖掘对方的"财富"

◎ 巧说话的学问

钓鱼的人总要将鱼饵放在水里才能引诱鱼儿上钩，对话的人总是要提出巧妙的问题才能使对方有兴趣回答。一个善于提问的人往往能够用一个巧妙的问题，掏空对方大脑中的"财富"。

* * * * * *

那么，什么样的问题能够引起对话者的兴趣呢？

（1）问题要能激发一个人的思维

无论什么时候，只要你对一个特定的事物询问"谁、什么、什么时候、什么地方、为什么和怎么样"，那么对方就不得不集中精力去思考，以便能给出正确而具体的答复。如果问题是直接指向他的工作的某个部分时，情况就更是如此了。

（2）问题要给对方一个表达他自己的思想的机会

通过提问题你可以发现你的下属对工厂，对你的部门，对他的上司以及他们的同事持什么态度，当然你得认真地听取他的讲话。要想得到这些情况，你最好是让他们谈他们的工作，然后再谈他们自己。

（3）提问题是获得准确情况的惟一可靠的方式

如果你想搞清一个人对某个问题的观点，在你们的谈话中你就要少谈自己或者不谈自己。最好常到效率专家那里听听课，他们总能提出一些关键和要害的问题，而且也能做到认真仔细地倾听别人的回答。为了得到真实情况，你还有必要在对方谈话停顿的时候插问一些问题，诱导他的思路，让他畅所欲言。

应当牢记的巧说话之道：

能够诱导别人说出话来的人，一定是一个谈话高手。这样做可以完全掌握说话的主动权。

39. 巧妙发表自己的意见

◎ 巧说话的学问

加强沟通和交流是现代社会的鲜明特征和明确走向。毋庸置疑，一名经常发表真知灼见的人，会给人以启迪和帮助。这样的人在交际中容易取得为人认可、受人尊重、得到重视的优越位置。但是发表己见是很有一番讲究的，处理得当，你的意见能充分展现，反之则不能如愿。

* * * * * *

有六点修养尤其需要朋友们在发表己见时加以注意：

（1）见隙发话，不抢话争话

自己有真知灼见希望尽快发表出来，这种心情是可以理解的。但你同样也要给别人发言的机会，不能迫不及待，在他人侃侃而谈时，硬是卡断他的话头，让自己一吐为快。或者他人正欲发言时，你捷足先登，把别人已到牙根的话硬是挤回去，让自己畅所欲言。发表己见首先应具备的修养就是耐心，待别人充分发表了意见之后，或轮到你时，你再发言不迟。这不仅不会减轻你发言的分量，还会调动大家的听话情绪。小彭是个有理想、有见解的青年，但他性子急，面对众人常有抢话争话的毛病。他大学毕业分到某校任教，目睹学校疲软落后的教学现状颇感心焦。经过调查和思考，他形成了一些可行意见，准备在有关会议上力陈己见。机会终于来了，学校为整顿校风，召集大家出谋划策，许多教师积极响应，做了充分的发言准备。小彭一则视振兴校风为己任，二则想一开始让自己这名新兵给人留下个好印象，于是很干脆地把几个要发言的老教师晾到一边，抬高嗓门，抢先发言。他在那儿唾沫飞扬，众人却只顾目瞪口呆。结果，人们不仅未能接受他的意见，还对他的人格产生怀疑。假如小彭能摆正自己的位置，根据当时说话的进展情况适时趁隙陈述自己的意见，可以预见，小彭将收到理想的说话效果。

（2）尊重他人，不随便否定他人意见

尊重对方是交际的一项基本原则。说话是人的思想的反映，尊重他的意见，也就如同尊重他这个人。但有些人为把自己的意见突出出来，引起他人对他谈话价值的充分认同，常自觉不自觉地对他人意见加以贬低、否定，结果引发了对方的不满和对抗，不仅自己意见未得到重视，反而遭到冷落和否定，自己形象也会受到贬损。有些善说话者，在发表己见时，恰恰采取相反的态度，他们会巧妙地从不同角度对已发表出来的意见加以肯定和褒扬，甚至采取顺势接话、补充发言的方式陈明己见。这样，别人会保持一个积极的良好的心态倾听你的高论，你的意见圆满发表了，你的风格也显示出来了。小杨在一次讨论会上，对一名同志的意见感到不可思议，忍不住想出口相驳，阐明己见。话一出口，见场面顿时由热而冷，那名同志也面含怒色。小杨猛然醒悟，觉得同事间和气为上，有什么问题可以好好讨论，不能太火药味了。于是他慌忙打住，巧改其口，从另一角度把反话说成正话，结果药到病除，大家个个释然，说话场面重新和谐起来，小杨也把自己的不同意见准确完整地发表出来。最后，大家求大同存小异，讨论会收到了很好的效果。

(3) 言语谦虚，定准说话基调

有些有见解甚至有真知灼见的人，喜欢言辞激昂，显得咄咄逼人，意在增强说话力度，引起听话者的震动。有时这样做可能会有效果，但其缺陷也是显而易见的。其一，形式上太激烈，容易伤害人，不易为人接受。其二，言辞太激烈，可能会导致水分过多，夸张色彩太浓，给人以言过其实的坏印象。所以发表己见时，最好把住分寸，定准基调，保持一种谦虚的姿态。小高大学毕业分配到一家小企业。企业此时正在困境中挣扎，产品没有销路，生意能力有限，生产效率低下，企业形象不佳。从领导到工人，个个垂头丧气，无可奈何。小高毕竟是有知识的人，到了单位很快看出症结所在，良策高见不可胜数。但小高并没有以救世主的面目出现，而是出言谨慎，言语谦虚，以商榷建议的口吻与大家交流意见。结果很快赢得了信任，他的意见很快得到采纳，他的威信也树立起来。

(4) 注重语德，不要话中含刺

发表己见应只管把自己的意见、主张陈述出来，平心静气，用语讲究，不可话中有话，含沙射影，于言辞之间讽刺挖苦别人。无可否认，别人意见未必精当，有些还于你不利，但谈话本就是一种沟通和协商，大家都把意见亮出来了，真理和谬误自现。那种冷嘲热讽、话中含刺的方式，显然是不友好的，难以达到交换意见的目的，还会导致双方形成对立关系。对别人是贬损，对你也毫无益处。某球迷协会组织了一次侃球沙龙活动，大家都是热血球迷，所以气氛十分热烈。小滕对足球向有深刻体会和独到见解，见大家都侃完说足了，就唰地站起，侃侃而谈。大家起初都感到他的见解独到，不觉侧耳倾听，可不久却听着不是滋味。原来小滕在发表己见时，竟用含混不清，但又确有所指的方式，对

二 巧说话 学会让对方兴奋起来

105

大家的谈话均作了某种程度的嘲弄，而且越说越走味，言辞越来越尖刻。大家都听得很不自在，又找不出理由找小滕的茬。小滕扬扬自得，球迷们却心存不快，最后大家不欢而散。小滕自此之后也成为大家不喜欢的角色。

(5) 发扬民主，不搞耳提面命

发表己见当然希望别人洗耳恭听，希望得到别人的注意和重视。但能否如愿，主要看别人。作为说话者，要做的是提高自己的说话水平和认识能力，使自己的意见足以引起听众的注意和震动。有些人发表己见时舍本求末，不注意把自己的意见加以斟酌、优化，而是通过外在形式控制听众的听话态度和情绪。小廖是个年轻干部，最近下放到基层工作。起初那些基层干部对小廖有种新鲜感，所以大会报告小会发言总让小廖"指示指示"。而当小廖官腔十足地说三道四时，大家也都屏气凝神，如小学生似的认真听讲。但时间一长，小廖的报告也好发言也罢，再也没有这样的效果了。小廖当然想找回昔日的好感受，便强用逼视的眼神，严厉的表情，前倾的身体，遒劲的手势，响亮的腔调，督促大家如以前那样认真听他"教诲"。但大家只是收敛片刻，很快又对他不予理睬了。如此三番五次后，小廖不仅未能如愿，反而遭到大家的否定和非议。

(6) 大度能容，欢迎听众的反面意见

你发表了己见以后，听众会有不同程度的反应，有正面的，也有反面的。你当然很关心这些反应，但必须保持一个冷静的头脑，不能对好的反应欣喜不已，而对反面意见持消极态度。小魏是个有为的青年，对单位的发展更是尽心尽力，因而他的成绩也是突出的。在单位的会议上，小魏常常利用机会发表自己意见，往往石破天惊，出口不凡。但单位颇有些人看不惯小魏，甚至有嫉恨心理，所以对小魏的发言不时有人加以责难和批评。每遇此情，小魏并不视作与自己过不去，而是虚心倾听，真诚请教，认真反省。这么一来，有些故意找茬的同事反倒过意不去了，提的意见也中肯起来，对小魏也逐渐抱有好感。而小魏的发言水平也逐步走向成熟、完善。

应当牢记的巧说话之道：

发表自己的意见，一定要讲技巧，不能不分场合、对象而随意为之。

40. 回避难以回答的问题

◎ 巧说话的学问

在人际交往中，常会遇到一些难以回答，不便回答或不愿意回答的问题。如果坦白地答一声"不知道"，"无可奉告"这不仅使对方难堪，破坏气氛，而且使自己显得无风度，没涵养，没水平。这时，最巧妙的办法是使用无效回答。

* * * * * *

所谓无效回答，就是用一些没有实际意义的话去做非实质性的回答，推诿搪塞，答了等于没答，而别人又不能说没答。例如：

一男士遇一女士："喂，小李，听说你病了，什么病？"

"不是什么大病。"

"那到底是什么病？"

"一点小病。"

显而易见，这位男士可能是真的关心这位女士，但却失礼了，因为两性间毕竟是有区别的。在这种情况下，小李机警地做了无效回答，非常得体。

生活中，无效回答用得较多的词儿是"没什么"和"不清楚"。

"喂，听说你们经理交桃花运啦？"

"不清楚呀。"——好事者无可奈何。

无效回答的方法和策略多种多样，常见的有以下几种：

（1）守势的（消极的）含混回答

（2）积极的答非所问

我国一位涉外工作者在澳大利亚工作时，一澳大利亚人问他："你爱澳大利亚吗？"这位同志觉得答"爱"与"不爱"都不合适，于是答道："澳大利亚的袋鼠挺可爱。"这类答复一般用于那些不便于具体肯定与否定的问题。

（3）歪答有些强人所难的问题

不必硬着头皮去找正确答案，干脆将"错"就"错"，或者偷换概念，歪打正着，这样倒会取得好的效果。据说，一外国人问中国有多少个厕所，答："两个，一个是男厕所，一个是女厕所。"——既然你的提问违反常情，让人难堪，我何不也让你哭笑不得？

（4）消极地回避

直接说出对方不得不承认的避答理由，使双方均不难堪。一次，一位外国记者在中国美术馆和大家谈"女模特儿具有为艺术献身精神"的话题时，问其中的一位女画家："假如让你当人体模特儿，你愿意吗？"公开说"愿意"吧，对一个青年女性决非易事；说"不愿意"吧，又是自己打自己的嘴巴。于是，这个聪明的女画家说："这是我的私事，不在采访之列吧？"解脱了窘境，且自然而有道理。

（5）诱导对方自我否定

一次，美国前总统罗斯福的一位朋友问他在加勒比海小岛上建立潜艇基地的计划。罗斯福小声问他的朋友："你能保密吗？"朋友脱口而出："能"。罗斯福接过来道："我也能。"显然，罗斯福巧妙地设计了圈套，诱导对方说出自己不想回答的原因，而表面上又是在回答。

无效回答看起来多带消极色彩，实际上它处于积极的守势，守中有攻，柔中有刚。另外，运用无效回答，需要机智，但只要留心学习，也不难掌握。

应当牢记的巧说话之道：

巧妙地避开难以回答的问题，也是成功谈话术中的一个关键点。

41. 说得太多会变蠢

◎ 巧说话的学问

一位哲人曾说过："话说得太多，总会说出蠢话来。"我们每个人都应牢牢记住这句至理名言。

* * * * *

1956年，苏美最高领导人举行谈判。赫鲁晓夫自恃比艾森豪威尔聪明，结果闹出了不少笑话。

在谈判过程中，不论赫鲁晓夫提什么问题，艾森豪威尔都表现得糊糊涂涂，总是先看看他的国务卿杜勒斯，等杜勒斯递过条子后，他才开始慢条斯理地回答。

据此，赫鲁晓夫认为艾森豪威尔智力低下，而认为自己作为苏联领袖，当然知道任何问题的答案，无须借助他人。赫鲁晓夫当场讽刺说："美国谁是最高领袖？是艾森豪威尔还是杜勒斯？"

从表面上看，赫鲁晓夫显得非常机敏、博学，常常口若悬河，滔滔不绝；而艾森豪威尔却显得迟钝、犹豫，缺乏领袖气概。但事实上却正好相反。

艾森豪威尔在谈判中的智慧表现在两个方面，既能及时获得助手的忠告，同时又为自己赢得了充分的思考时间，避免急中出错。而赫鲁晓夫刚愎自用，闹出了诸如用皮鞋敲讲台的笑话。

谈判中"装聋作哑"的基本方法是：顾左右而言他，即对对方提出的问题不作正面回答，故意躲躲闪闪，答非所问，以此来争取时间，调整自己的思路；或以此来回避自己难以回复的问题。

应当牢记的巧说话之道：

"说的多不如说的少"，这句话表明：说话要有针对性。

42. 说服对方要按方抓药

◎ 巧说话的学问

在一个企业之中，人们思考的类型和他们的性格有着密切的关系。一般来说，那些豪爽、粗犷性格的人十分相信自己的感官直觉。他们属于"跟着感觉走"这样一类的人。他们所希望获得的，是实用且可靠性极高的结果，任何提议必须附有事实根据及详细的资料佐证，方能使他们接纳。

* * * * *

你可以从这些方面着手，这样表示：

"如果你关心广告设计需要耗费多少时间，我们请一位美工设计人员来一起商谈如何？"

为满足这些人最关心的事实及资料，你最好在双方进行沟通之前便已搜集齐全，以免对方迟迟无法拿定主意。尤其是达成该项协议对你相当重要，即使你多耗费一些心力于搜集资料，仍然颇为值得。当感官类型者提出疑问时，最快速及最理想的应付方式，莫过于找一位相关的专业人士来提供答案；若是对方属于内向类型，而又必须打电话询问许多人方能获得答案时，最好由你代劳打这些电话。能够提供答案的人士如果无法与你们双方见面，必须让对方知道，如何与该专业人士取得联系。不妨参考下列表达方式：

"关于广告设计所耗费的时间问题，我和我们公司美工设计部门的负责人谈过了。她说今天下午就可以开始设计，明天便可完成。她还说，如果你有疑问，可以随时拨电话和她联络。"

尽管这些人通常喜欢文字资料，但这类资料往往未必十分可靠。总之，你必须利用各种各样的方式提供这种类型者所需的答案，让他们能充分了解为好。如果你不知道何种方式最能让他们满意，不妨征求他们的意见。

另一方面，这些人往往只想知道，你的提议如何与他们的计划相配合，他们并不喜欢有太多详细分析的资料。因此，你对他们的表达方式便应有所不同。例如："这张图表显示了我们在未来五年内如何节省大量的开支。"

而与豪爽、粗犷性格的人相反，一些细致、耐心性格者则十分注重逻辑的严谨。对于这些人，深具逻辑性的方案最能获得他们的青睐。因此，你的表达方式应该这样："你看看这个方法行得通吗？"，"这个方法和其他的意见比较起来是不是更好？"

这种类型的人则希望，无论怎样改变，都应保持全体人员的和谐。因此，你表达的重点便应强调此点：

"你不妨和你的员工讨论一下，看看这个方法是否可行。"

应当牢记的巧说话之道：

注重逻辑的人，常常会就一件事情的可行性提出众多的问题，没有

细致、严谨和科学的调查手段及资料很难说服他们，但一份严谨、细致，充满逻辑色彩的报告却会使他们喜出望外。

43. 怎样有力地说服他人

◎ 巧说话的学问

说服他人，使他人相信自己并产生行动，是我们在日常生活中经常遇到的。无论是交友还是工作，无论是商品推销还是谈判协商，都离不开说服和引导。因此，掌握说服的语言艺术，也就成为我们每个人必备的能力之一。

* * * * * *

下面介绍几种说服的语言艺术：

（1）融情动心法

唐代大诗人白居易说："动人心者莫先乎情。"冰冷的态度，公事公办的言辞，都会引起对方的逆反心理。

一位厂长沉着脸对一个迟到了一分钟的助理工程师厉声说："迟到啦！——扣奖金！"把她说哭了。

另一位厂长对一个因理发而迟到的青年职工笑嘻嘻地说："小伙子，这次改了发型，挺大方。但是今天迟到啦，快去车间多加把劲，把任务赶出来。"

再一位厂长对一个跑得气喘吁吁、满头大汗的师傅慢声细语地安慰说："别着急！看你跑得上气不接下气的，准是家里有什么事儿耽误了时间吧？"三位厂长抓出勤，抓纪律，目的一致，做得也有道理。但效果却不同，原因就在于说服的语言形式有差异。

第一位厂长板着脸训人，语言简单，少人情味，效果是消极的。助工的哭显然是委屈的哭，并没有认识到自己的不对；第二位厂长的批评中有鼓励、有信任。对方不仅接受了批评，还立即落实在行动上，"将功补过"，提高了工作效率；第三位厂长的言辞更是情真意切，关怀体贴。这位工人师傅肯定会尽心尽力地去工作，以报答厂长的知遇之情。

"通情"才能"达理"。没有心理上的沟通作基础，即使有理，也达不到说服的目的。正如德谟克利特说的："用鼓励和说服的语言来造就一个人的道德，显然是比用法律来约束更能成功。"

（2）借此说彼法

利用两个事物之间的某一相似点，借甲事物来说明乙事物。不仅通俗易懂，且具有较强的说服力，往往能收到事半功倍的效果。

唐代，唐太宗为了扩大兵源，想把不在征调之列的中年男子都招入军中。宰相魏征知道后对他说："把水淘干了，不是得不到鱼，但明年恐怕就不会有鱼了；把森林烧光了，不是猎不到野兽，但明年就无兽可猎了。如果中年男子都招入军中，生产怎么办？赋税哪里征？兵员不在多，关键在于是否训练有素，指挥有方，何必求多呢！"太宗无言以对，只好收回了成命。在这段话中，魏征借用两件与主要事件相类似的事例作对比，既形象又深刻地阐明了不能把中年男子都调入军中的道理，很有说服力。

（3）鼓动激励法

鼓动激励的前提是信任。苏联教育家马卡连柯说过："相信他，任用他，赋予他更多的责任，往往正是调动他积极性的最好手段。"这话是很有道理的。领导向部属布置任务，一方要求另一方做件什么事情，要想对方把事情办得出色，就应该用信任的态度和商量的口气对他说"×××，你脑子灵活，技术又好，考虑再三，觉得只有你来做这件事最合适。这件事很急，我相信你有办法尽快把这件事做好的，"听了这样的话，对方即使有困难，也会乐意地接受下来，并千方百计地去完成的。如果这样说："这事是你职责范围内的，事情很急，你得在明天把它办好。"这种命令式的语言激不起对方工作的热情，是调动不了工作积极性的。

(4) 以褒代贬法

以褒代贬的说服技巧就是运用修辞中反话正说的方法，把要批评的话，从相反的角度，用表扬的形式表达出来。

某校一年级新生军训。一位学生因训练不认真，三次打靶三次剃了"光头"，使全班团体总分成为全年级倒数第一。打靶回来时，班主任一捶这位学生的肩膀，笑着说："嗨，三次你都'吃烧饼'，靶子以外的地方都打中了，也真不容易啊！"老师不乏幽默的"赞扬"引起同学们的笑声，连这位学生也忍不住笑了。但笑过后，抓了半天后脑勺，很不好意思。如果班主任这样对他说："三次打靶，三次鸭蛋，全班都受了你的拖累。你也太不认真了。"不仅达不到教育的目的，甚至会使这个学生从此背上思想包袱。

(5) 侧击暗示法

侧击暗示的说服方法就是通过曲折隐晦的语言形式，把自己的思想意见暗示给对方。这种语言表达方式既可达到批评教育的目的，又可避免难堪的场面，所以常被用来作说服的有效手段。十九世纪著名的意大利作曲家罗西尼遇到一个作曲家带着一份七拼八凑的乐曲稿来请教他。演奏过程中，罗西尼不停地脱帽。那位作曲家问他："屋里太热了?"罗西尼回答说："不，我有见到熟人脱帽的习惯。在阁下的曲子里，我碰到那么多熟人，不得不连连脱帽。"罗西尼巧妙地用"那么多熟人"来暗示曲子缺乏新意，抄袭太多。既含蓄又明确地向对方表明了自己的看法和意见，既不伤颜面又达到了目的。

（6）心理接触法

所谓心理接触，是运用心理学中的"情感共鸣"的原则归纳出来的一种说服方法。这种方法一般分四个阶段：1. 导入阶段，即心理接触的初步阶段；2. 转接阶段，即心理接触的中级阶段；3. 正题阶段，即心理接触的高级阶段；4. 结束阶段。这类说服方法常用于和不熟悉的对象或有对立情绪的对象的谈话中。

有一位老师接了一个"差"班。开学的第一天，他亲切地对同学们说："人人说我们是处理品、垃圾班，这是没有道理的。就拿体育锻炼来说，我们班不但不是'垃圾班'，而且可争当先进班……"一席话使同学们从低落的情绪中振奋起来了，在自卑的心理中树立起了信心。何以会产生如此效果？原因不仅仅是这位老师的话充满信任和鼓动。更重要的是这位老师在见面的第一天，就把自己置于这个被人瞧不起的集体之中，他左一个"我们"，右一个"我们"使这些内心充满自卑感的学生感受到了温暖和亲情。心理上的接触和情感上的共鸣。才使这位老师的话具有那么大的鼓动力。

应当牢记的巧说话之道：

说话的目的是为了说服别人，而说服别人是要讲交技巧的。

44. 巧妙施展口才"柔道术"

◎ 巧说话的学问

一般情况下，人们在同一思维过程中，使用语言的内涵和外延都应是确定的，要符合逻辑的同一律，不能任意改变概念的范围。然而，在某些特殊场合，人们又可以利用言语本身的不确定性和模糊性来"偷换

115

概念"，使对话双方话题中的某些概念的本质含义不尽相同，以求得特殊的交际效果。

* * * * * *

一位美国客人参观韶山毛泽东故居之后，在附近一家个体饭店吃饭。老板娘烧得一手正宗湘菜，使美国客人吃得十分满意。付款之后，客人突然发问："如果毛泽东主席还在，会允许你开店吗？"这话甚难回答，说允许，显然不符合事实；说不允许，又有贬低否定之意；干脆不回答，也会影响交际气氛。但见老板娘略加思索后，从容回答："如果没有毛主席，我早就饿死了，哪里还能开店呢？"多么巧妙的答话，多么敏捷的口才柔道术啊！

上述美国客人的问话中，其实包含着一个隐蔽的判断。老板娘听出了客人的弦外之意，便巧妙地转移话题，用毛主席缔造新中国的功绩以及对自己现实生活的影响，来回答客人旨在否定毛泽东主席的问题，既不轻慢客人，又维护了毛主席的历史地位。

此类"话题转移"的语言技巧，在日常生活，尤其是外交活动中，常可收到意想不到的效果。一次，周恩来总理设宴招待东欧一批外交使节。宴席上，客人对色、香、味俱佳的中国菜肴大为赞赏，宾主之间气氛热烈。这时，端来一道很考究的清汤，汤里的冬笋片被雕成中国传统的吉祥图案，但这些冬笋片在汤里一翻身，变成了法西斯的标志。外宾见了这种图案大吃一惊："为什么这道菜里有法西斯标志？"周总理先向客人解释：这是我们中国的"万"字图案，象征着"吉祥万德，福寿绵长"，表示对客人的良好祝愿。接着，总理夹起一片冬笋，风趣地说："就算是法西斯标志也没关系嘛，我们大家一起来消灭法西斯，把它吃掉！"客人们听了哈哈大笑，宴会气氛更加友好热烈，结果这道菜被吃得一干二净。

随机应变地转移话题，有时也是反驳对方的一种有效方法。英国前首相威尔森的竞选演说刚刚进行一半，突然有个故意捣乱者高声打断他："狗屎！垃圾！"把他的话贬得一钱不值。威尔森面对狂呼着的捣乱者，报以微微一笑，然后平静地说："这位先生，我马上就要谈到您提出的脏乱问题了。"那个捣乱者被他一下子弄得哑口无言了。苏联著名诗人马雅可夫斯基有一次在会上朗诵了自己的新作后，收到一张条子："您说您是一个集体主义者，可您的诗里却总是'我'、'我'……这是为什么？"诗人宣读完这张条子，随即答道："尼古拉二世却不然，他讲话总是'我们'、'我们'……难道你以为他倒是一个集体主义者吗？"会场上顿时爆发出热烈的掌声。马雅可夫斯基抓住对方问话中的"我"，未作正面解释，而是转移话题，以反问尼古拉二世的"我们"来作答，巧妙地回击了对方。

　　应当牢记的巧说话之道：
　　我们在运用这种"话题转移术"时应该注意到，转移了的话题与原话题应有一定的联系，像韶山那位老板娘的巧妙回答，就没有脱离谈毛泽东主席的言语范围；周总理风趣的解释；马雅可夫斯基的反驳，毕竟是对"集体主义"的评价。如果缺乏这些联系，"转移话题"就不成其为语言艺术了。

45. 夸奖他人的五种方法

◎ **巧说话的学问**

　　既然夸奖是人际交往的"润滑剂"，如何在社交中适当地夸奖别人，就成了一个人社交成功与否的关键。

＊　＊　＊　＊　＊　＊

下面，我们就简单介绍几种日常生活中常用的夸奖方法：

（1）直言夸奖法

夸奖，与赞美是同义词。毫不含糊地直言表白自己对别人的羡慕，这是夸奖的最常用方法。

大音乐家勃拉姆斯出生于汉堡的贫民家庭。少年时代便为生活所迫混迹于酒吧里。他酷爱音乐，却由于是一个农民的儿子，享受不到教育的机会，更无从系统学习音乐。所以，对自己未来能否在音乐的事业上取得成功缺乏信心。然而，在他第一次敲开舒曼家大门的时候，根本没有想到，他一生的命运就在这一刻决定了。当他取出他最早创作的一首C大调钢琴奏鸣曲草稿，手指无比灵巧地在琴键上滑动，弹完一曲站起来时，舒曼热情地张开双臂抱住了他，兴奋地喊道："天才啊！年轻人，天才！……"正是这出自内心的由衷赞美，使勃拉姆斯的自卑消失得无影无踪，也赋予了他从事音乐艺术生涯的信心。在那以后，他便如同换了一个人，不断地把他心底里的才智和激情渲泄到五线谱上，成为音乐史上一位卓越的艺术家。

舒曼对勃拉姆斯发自内心的一句夸奖，成了勃拉姆斯一生中的转折点。正是这一句夸奖，创造了一位伟大的音乐大师。使人类听到了《B大调钢琴三重奏》、《G大调钢琴四重奏》等一曲曲美妙绝伦的乐章，享受到了浪漫激情的昂鸣。

（2）间接夸奖法

挑剔与指责，是人们最难以接受的方式。把指责变成夸奖，在人们看来是难以想象的，更谈不上能真正地做到，但这正是世界著名企业家洛克菲勒成功的秘诀。

洛克菲勒是很具吸引力的企业家。他把许多有才能的人团结在自己的周围,成为公司的"顶梁柱"。那么,让我们看看洛克菲勒靠什么"磁力"来吸引下属的。有一次,公司同事艾德华·贝佛处置失当,在南美做错一宗买卖,使公司损失一百万美元。洛克菲勒本来可以指责艾德华·贝佛一番,但他知道贝佛已尽了最大努力——何况事情已经发生了。于是,洛克菲勒就找些可以称赞的事,夸奖贝佛幸而保全了投资金额的百分之六十,"棒极了。"洛克菲勒说,"我们没法每次都这么幸运。"

(3) 意外夸奖法

渴望得到人们的夸奖,受到称赞,自然令人心悦。但出乎意料地得到人们的夸奖,则会让人惊喜。如:下属上班时将屋子打扫干净,在他看来是分内的事,却得到领导的赞扬;丈夫工作忙时,妻子包了所有的家务,丈夫回来称赞妻子几句等。这些看起来都是平常的小事,但使对方得到了出乎意料的夸奖。这种夸奖会被人认为出自内心,不带私人动机,其效果更佳。如《红楼梦》中的一段:

史湘云、薛宝钗劝贾宝玉遭到宝玉的反驳:"林姑娘从来没有说过这些混帐话!要是她说这些混帐话,我早和她分手了。"凑巧这时林黛玉正好来到窗外,无意听见这些话,使她"不觉又惊又喜,又悲又叹"。结果,宝黛二人推心置腹,感情大增。

有时,即便是轻轻地点头以示夸奖之意,只要时机得当而又巧妙,亦可激动人心。

约翰·沃登是加州大学洛杉矶分校有名的篮球教练。他对队员们说:"一旦投篮得分,就应该对自己的队员微笑,眨眼或者点点头。"约翰·沃登这样教训队员,对于保持整个球队的团结是大有裨益的。

如果夸奖的内容出乎对方意料,也容易引起对方的好感,卡耐基在《人性的弱点》一节中,讲了一个他曾经历过的故事。一天,他去寄挂号信,但从事年复一年单调工作的邮局办事员显得很不耐烦,服务质量很差。当她给卡耐基的信件称重时,卡耐基对她赞道:"真希望我也有你这样美丽的头发。"闻听此言,办事员喜出望外,她惊讶地看着卡耐基;接着脸上泛起微笑,热情周到地为卡耐基服务。

(4) 目标夸奖法

在夸奖别人时,为别人树立一个目标,往往能为别人增添信心,坚定信念,使其为这一目标而奋斗。文斯·伦巴迪是一位富有传奇色彩的绿湾足球队教练。在率领队员训练时,他发现一个叫杰里·克雷默的小伙子,训练认真,思维敏捷,球路较多。他非常欣赏这个小伙子。一天,他抚摸着杰里·克雷默的头,轻轻拍着他的肩膀说。"有一天,你会成为国家足联的最佳后卫的。"克雷默后来回忆说:"伦巴迪鼓励我的那句话对我的一生产生了巨大的影响。"使他在以后的足球生涯中,一直保持着那个肯定的自我形象,成为绿湾足球队的明星,并且是国家足联主力队员。夸奖,可以对被夸奖者产生巨大的鼓舞力量,使其坚定自己成功的信念,创造成功的奇迹。

(5) 肯定夸奖法

人人都有渴望夸奖的心理需求,特别是在一些特定的时机,成功地完成某件事,自己苦心钻研多年的项目终于通过鉴定,作品的发表等,都希望得到别人的肯定。这时,不失时机地赞美会使被夸奖者终生难忘。美国著名诗人惠特曼奔波多年,希望有人对自己的诗感兴趣,却毫无结果,因而郁郁寡欢。他的诗集《草叶集》出版后,一个月内书店卖出二三本。当他把凝聚自己心血的书送给母亲时,被母亲毫不客气地扔到纸篓里。因此,惠特曼十分伤心。这时,托尔夫·沃尔多·爱默生给他寄来一封短信。信中写道:"亲爱的先生,对于《草叶集》这份美好礼物的价值,我无法做到视而不见,我觉得这是美国有史以来,最不同凡响的礼物,充满了机智与智慧,我祝贺你开始了一项伟大的事业。"爱默生还在报纸上著文推崇《草叶集》。不久,《草叶集》受到普遍重视,被认为开了美国一代诗风。爱默生的信,无疑对惠特曼以后的成功起了巨大作用。它肯定了《草叶集》对美国诗坛的贡献,犹如雪中送炭,使惠特曼在茫茫无望中看到了希望。张海迪曾应日本友人之邀,赴日本参加特意为她举行的演讲音乐会。张海迪面对台下一个个热情的日本朋友,第一次在这样的场合用自学的日语做了自我介绍,并唱了几首自己创作的歌曲。在她讲完之后,多么需要赞许、鼓励和褒扬啊!这时,主人之一,日本著名作家和翻译家秋山先生上来把她紧紧抱住,连声称赞说:"讲得太好了,我们全都听懂了!"

应当牢记的巧说话之道:

既然真诚的夸奖对人对己都有如此重要的意义,在生活中,我们就应该经常夸奖别人。这样,对他人来说,他的优点和长处,因你的夸奖显得更加有光彩。他本人会因你的称赞而更加自信,更加奋发。对于你自己来说,你真诚地称赞别人,表明你已被别人的优点和长处所吸引,并对所夸奖的事物充满了向往,他人也会因你的夸奖而更加乐于关心和帮助你,从而创造出一个和谐、快乐的人际关系环境。一个经常夸奖孩子的母亲,可以创造一个充满欢乐的家庭,一个经常夸奖学生的老师,一定会使学生百尺竿头,更进一步,一个经常夸奖下级的领导者,一定会使他的下属工作热情高涨,工作干劲倍增。

46. 表达谦虚的五种形式

◎ 巧说话的学问

我们有必要探讨一下。在社交场合,不同的时间,不同的氛围,如何用不同的方式表达自己的谦虚,才能给人留下一个良好的印象。

　　　　　＊　＊　＊　＊　＊　＊

（1）转移对象法

当受到表扬或夸奖的时候：如果你感到在众人面前窘迫的话，你不妨想办法转移人们的注意力，使自己巧妙地"脱身"，把褒扬或夸奖的对象"嫁接"到别人的身上。有一年"八一节"，贺龙参加了兴县的文艺晚会。一位"少年诗人"朗诵他的新作："我要讲一个英雄的故事，这个故事就是南昌起义，这个英雄就是贺老总！"刚朗诵到这里，突然有人喊："小鬼，你这话不对头，南昌起义怎么只有一个英雄！"说话的正是贺老总。贺老总把他招呼到跟前，亲切地说："小鬼，我告诉你，南昌起义主要领导人是周恩来副主席，还有朱德、刘伯承、聂荣臻同志，那时我还不是共产党员呢，能算什么英雄？不过你朗诵挺有感情，回去好好改改，改好，再朗诵，下一次我一定还来听。"贺老总不让"少年诗人"歌颂自己，而是把歌颂的对象转向周恩来、刘伯承等人，充分表示了他的谦虚、豁达、虚怀若谷的品质。在场的群众对贺老总更加崇敬了。

（2）自轻成绩法

任何称赞和夸奖，都不可能毫无缘由。或是因为某件事（如勇拦惊马、下水救人等），或是因为某方面的成绩。这时你不妨像绘画一样，轻描淡写地勾勒一笔，却在淡泊之中见神奇。牛顿创建的"牛顿力学"。闻名世界，当朋友称他为伟人时，他谦虚而真诚地说："不要那么说，我不知道世人怎么看我。不过，我自己只觉得好像一个孩子在海滨玩耍的时候，偶尔拾了几只光亮的贝壳。但是，对真正的知识大海，我还没有发现呢。"牛顿把知识看成大海，把自己巨大成就只看作是几只"贝壳"，而且说得十分轻松，似乎他的成就连一个孩子都能取得。这就形象地表现了自己谦虚的精神，而且富有情趣。

（3）相对肯定法

面对别人的称赞，如果把自己说得一无是处，不但起不到谦虚的作用，反倒给人一种傲慢的感觉。正如俗话所说，"人谦虚的过分，反而给人一种傲慢的感觉。"现实生活中，类似这样的人屡见不鲜。比如有人称赞某影星演技高超时，她竟不屑一顾地说："这算啥？"言外之意，她的真本领还没有拿出来。再如有一位小说作者，受到几篇评论文章的吹捧，就飘飘然如坠五里云雾之中。当记者称赞他时，竟说什么"只不过手痒闲玩玩而已！"这种谦虚，充其量是一个"艺术阿混"，因为他对艺术缺少一种真诚的态度。由此看出，谦虚要掌握好一定的分寸。有一天，人们对丹麦物理学家玻尔说：你创建了世界第一流的物理学派，有什么秘诀吗？玻尔幽默而含蓄地说："也许因为我不怕在学生面前显露自己的愚蠢。"玻尔对别人的赞扬，没有自我炫耀，但也没有完全自我否定。而是相对地肯定了自己"不怕在学生面前显露自己的愚蠢"的优点。他把自己的成绩归结为人人可以做到，又很难做到的优点，用来说明自己与别人并没有什么不同，也没有什么秘诀，既表现了自己的谦虚，又给人一种鼓舞力量。鲁迅先生说："哪有什么天才，我不过是把别人喝咖啡说闲话的时间都用在工作上罢了。"鲁迅先生否认自己是天才，但却肯定自己珍惜时间这一优点，给人一种实实在在的感觉。

（4）妙设喻体法

直言谦虚，固然可贵，但弄不好会给人一种虚假的感觉。特别是两个人之间，如果仅仅说"你比我强多了"这类话，容易产生嘲讽揶揄之嫌。遇到这种情形，你不妨用一个比喻方式，巧妙地表达谦虚。一天，郭沫若和茅盾这两位文学大师相聚了。他俩谈得非常愉快，话题很快转到鲁迅先生身上，郭沫若诙谐地说："鲁迅先生愿做一头为人民服务的'牛'，我呢？愿做这头'牛'的尾巴，为人民服务的'牛尾巴'。"听说郭老愿做"牛尾巴"，茅盾笑道："那我就做'牛尾巴'的

'毛'吧！它可以帮助'牛'把吸血的'大头苍蝇'和'蚊子'扫掉。"郭老看看茅盾，说："你也太谦虚了。"这两位文学巨匠围绕着鲁迅先生"牛"的比喻，充分展开联想。一个自喻为"牛尾巴"，一个自喻为"牛尾巴'的"毛"。谦虚地说明了自己只能学到鲁迅精神的一部分。这种方式既生动形象，又把两位大师博大的胸怀表现得淋漓尽致。

（5）巧改词语法

在称赞和夸奖你的语言上做文章，也是表现谦虚的一种好方法。如某大学中文系搞一次讲座，请一位著名老教授谈治学的方法。在讲座之前，主持人用赞誉之词把教授介绍了一番后，说："下面我们以热烈的掌声欢迎王教授谈治学经验。"老教授走上讲台后，马上更正说："我不是谈治学，而是谈'自学'。"老教授说完，台下一片掌声。"治学"本就是对教授的褒奖，因为没有成就的人是没有资格对大学生们"谈治学经验"的。而老教授只改一字，却尽得风流。人们更见其治学严谨，为人谦虚的风格，真可谓妙不可言。

应当牢记的巧说话之道：

谦虚是一种美德，是人类高尚的品质。古往今来，人们给予它崇高的夸奖。古希腊哲学家苏格拉底曾说："谦虚是藏于土中甜美的根，所有崇高的美德由此发芽生长。"我国有"满招损，谦受益"的古训。谦虚之所以受到尊崇，就因为它是做人的美德及事业成功的法宝。是在日常生活中，有的人受到领导的表扬，同志的夸奖，内心着实想谦虚一番，却寻找不到适当的方式。要么手足无措，面红耳赤，支支吾吾，要么说一些"归功于集体，归功于人民"的套话。其方式陈旧，语言贫乏，千篇一律，给人一种矫揉造作之感。甚至有些时候，不能恰当地用言语表达，给人留下一个虚伪的印象，结果适得其反。

47. 不要随意自夸

◎ 巧说话的学问

在这个社会上,有些人总喜欢夸耀自己,往往认为自己的学识、兴趣高人一等。每遇亲朋好友,就迫不及待地大肆吹嘘自己的心得、经验,却不知这样常令一旁的好友不知所措。

* * * * * *

举个例子来说,一个视赌如命的人,看到不会赌钱的人,很可能会揶揄他一番:"你不会赌博,那人生还有什么快乐可言?"这话传到他的耳里,必定不会让他感到愉快的。

所以,每逢开口说话,不管是什么内容,都要注意别让别人产生自己被比下去的感觉。

一次,有人约了几个朋友来家里吃饭,这些朋友彼此都是熟识的。主人把他们聚拢来主要是想借着热闹的气氛,让一位目前正陷入低潮的朋友心情好一些。

这位朋友不久前因经营不善,关闭了一家公司,妻子也因为不堪生活的压力,正与他谈离婚的事,内外交逼,他实在痛苦极了。

来吃饭的朋友都知道这位朋友目前的遭遇,大家都避免去谈与事业有关的事,可是其中一位朋友因为目前赚了很多钱,酒一下肚,忍不住就开始谈他的赚钱本领和花钱功夫,那种得意的神情,连主人看了都有些不舒服。那位失意的朋友低头不语,脸色非常难看,一会儿去上厕所,一会儿去洗脸,后来他赶早离开了。主人送他出去,在巷口,他愤愤地说:"老吴会赚钱也不必在我面前说得那么神气。"

主人理解他的心情，因为在多年前他也碰到过低潮，正风光的亲戚在他面前炫耀他的薪水、年终奖金，那种感受，就如同把针一根根插在心上那般，说有多难过就有多难过。

因此要提醒你，与人相处，切记——不要在失意者面前谈论你的得意。

如果你正得意，要你不谈论不太容易，哪一个意气风发的人不是如此？所以这种人也没什么好责怪的。但是要谈论你的得意时要看场合和对象，你可以在演说的公开场合谈，对你的员工谈，享受他们投给你的钦羡眼光，更可以对路边的陌生人谈，让人把你当成神经病，就是不要对失意的人谈，因为失意的人最脆弱，也最多心。你的谈论在他听来都充满了讽刺与嘲讽的味道，让失意的人感受到你"看不起"他。当然有些人不在乎，你说你的，他听他的，但这么豪放的人不太多。因此你所谈论的得意，对大部分失意的人是一种伤害，这种滋味也只有尝过的人才知道。

一般来说，失意的人较少攻击性，郁郁寡欢是最普通的心态，但别以为他们只是如此。听你谈论了你的得意后，他们普遍会有一种心理——怀恨。这是一种转进到心底深处的对你的不满的反击，你说得口沫横飞，不知不觉已在失意者心中埋下一颗炸弹，多划不来。

失意者对你的怀恨不会立即显现出来，因为他无力显现，但他会透过各种方式来泄恨，例如说你坏话、扯你后腿、故意与你为敌，主要目的则是——看你得意到几时，而最明显的则是疏远你，避免和你碰面，以免再见到你，于是你不知不觉就失去了一个朋友。

应当牢记的巧说话之道：

智者曾说："不要在一个不打高尔夫球的人面前，谈论有关高尔夫球的话题。"因为与人交谈时，彼此话不投机，往往会使人觉得非常尴尬，不知下一句该如何应付。从另一方面来说，交谈的话题，对方不曾接触，也不曾感受过，不免会使对方认为你是在自我夸耀，无视他的存在或鄙视他的无知，如此一来，岂不是又疏远了彼此的距离吗？

48. 与"陌生人"一见如故

◎ 巧说话的学问

在处世策略中，怎样去和一群陌生人相处，打破彼此间的隔阂，由陌生人变为知己，且能顺利地把自己的意见和思想传达、灌输给他们，使他们能欣然接受，并赞成和拥护，变成自己的朋友。这个策略是大家都很关心并想了解和掌握的。

* * * * * *

美国新泽西州州长威尔逊，刚当选后不久，有一次赴宴，主人介绍说他是"美国未来的大总统"，这本来是对他的一种恭维和颂扬。而威尔逊又是怎样应酬的呢？首先威尔逊讲了几句开场白，之后接着说："我转述一则别人讲给我听的故事，我就像这故事中的人物。在加拿大有一群钓鱼的人，其中有位名叫约翰逊的人，他大胆地试饮某种烈酒，并且喝了很多。结果他们乘火车时，这位醉汉没乘往北的火车，而错搭往南的火车了。那群人发现后，急忙打电报给南开的列车长：'请把那叫作约翰逊的矮人送到往北开的火车上，他喝醉了。'他既不知道自己的姓名也不知道目的地是哪儿。我现在只确实知道自己的姓名，可是不能和你们的主席一样，确实知道自己的目的地是哪儿。"听众哈哈大笑。威尔逊接着又讲了一个滑稽的故事，使听众们心情非常愉快。从此，威尔逊的声名大振。

富兰克林·罗斯福刚从非洲回到美国，准备参加 1912 年的竞选。因为他是已故美国总统西奥多·罗斯福的堂弟，又是一位有名的律师，自然知名度很高。在一次宴会上，大家都认识他，但罗斯福却不认识在场的来宾。这时，他看得出虽然这些人都认识他，然而表情却显得很冷漠，似乎看不出对他有好感的样子。

罗斯福想出一个接近自己不认识的人并能同他们搭话的主意。于是他对坐在自己旁边的陆思瓦特博士悄声说道："陆思瓦特博士，请你把坐在我对面的那些客人的大致情况告诉我，好吗？"陆思瓦特博士便把每个人的大致情况告诉了罗斯福。

了解大致情况后，罗斯福借口向那些不认识的客人提出了一些简单的问题，经由交谈，罗斯福便从中了解到他们的性格特点、爱好，知道他们曾从事过什么事业？最得意是什么？掌握这些后，罗斯福就有了同他们交谈的资料，并引起他们的兴趣，在不知不觉中，罗斯福便成了他们的新朋友。

1933 年，罗斯福当上了美国总统，他依然采取使不认识者心悦诚服的说服术，著名的美国新闻记者麦克逊曾经对罗斯福总统的这种说服术评价说："在每一个人进来谒见罗斯福之前，关于这个人的一切情况，他早已了若指掌了。大多数人都喜欢顺耳之言，对他们做适当的颂扬，就无异于让他们觉得你对他们的一切事情都是知道的，并且都记在心里。"

罗斯福总统善用说服术，说服人与人之间的不同在于个人的性格兴趣，包括个人的习惯、个人的嗜好、个人的意见、个人的言谈举止等，只要我们细心地去了解和研究，抓住时机，引发他人的兴趣，使对方觉得我对他非常关心，就会变不认识为认识，广交天下朋友。

应当牢记的巧说话之道：

关于说话的人接触别人时，总是打趣或批评自己而使别人愉悦。这

是一种高明的说服术,而并非仅仅博人一笑。当别人在愉悦的那一刻,消除了彼此间不可逾越的距离,使别人感到比他优越,从而迅速地博得理解和拥护。

49. 说话要学会绕点弯子

◎ 巧说话的学问

在现实生活中,虽然常常都是有一说一,有二说二的,但在与人交往时,有时为了避免伤害他人,为了更好地赞美他人或是为了得到别人的帮助等等之时,都必须将要表达之意寓于其他话语中,而不能做所谓的"直肠子",快人快语,结果事情搞砸的也快。

* * * * * *

陈毅同志当外长时曾主持过一次有关国际形势的记者招待会。会上陈毅谈到了美制 U—2 型高空侦察机骚扰我领空的事情,并对此表示了极大的愤慨。有个外国记者趁机问道:"外长先生,听说中国打下了这架侦察机,请问是用什么武器打下的?是导弹吗?"只见陈毅用手做了一个用力往上捅的动作,说:"我们是用竹竿子捅下来的。"与会者无不捧腹大笑,那个记者也知趣地不再追问了。

竹竿子能捅下高空侦察机吗?陈毅同志回答的显然是一句错话。但却错得极妙!试想,除此之外,还有什么更好的回答方式呢?如实相告,就会泄露我国的军事机密,当然不行;但按一般方法说"无可奉告",会使会议气氛过于板滞、凝重,而"是用竹竿子捅下来的"这句错话,却听起来煞有介事,既维护了国家机密,又造成了幽默轻松的谈话气氛,真是一举两得、一箭双雕,怎能不叫人拍手叫绝!

二 巧说话学会让对方兴奋起来

129

可见，在特定语言环境中，为了避免不必要的麻烦，将真话变为错话，曲折地说出来，往往能收到意想不到的好结果。

生活中常有这样的事，当有人求自己帮忙，但却实在是办不到，此时若直言拒绝，一定会使对方难堪或伤害对方，那么该怎么办呢？

有一次，林肯在某个报纸编辑大会上发言，指出自己不是一个编辑，所以他出席这次会议，是很不相称的。为了说明他最好不出席这次会议的理由，他给大家讲了一个小故事：

"有一次，我在森林中遇到了一个骑马的妇女，我停下来让路，可是她也停了下来，目不转睛地盯着我的面孔看。"

"她说：'我现在才相信你是我见到过的最丑的人！'"

"我说：'你大概讲对了，但是我又有什么办法呢？'"

"她说：'当然你已生就这副丑相是没有办法改变的，但你还是可以呆在家里不要出来嘛！'"

大家为林肯幽默的自嘲而哑然失笑。林肯在这里巧妙地运用了自嘲来表达自己的拒绝意图。既没让人难堪，还在愉快的氛围中领悟到林肯的意图。

有时候为了避免直言相告，还可巧妙地寻找借口来为自己解围或是保全他人的面子。

舞会上别人邀你，你内心实在不想跟他跳，可以说："我累了，想休息一下。"既达到谢绝目的，又不伤别人的自尊心。

别人与你相约同去参加某一活动，但你却忘记了，未去赴约。直说出原因，将会影响别人对自己的信任，也是对他人的不尊重。一般情况下，失约的可能原因有身体不适、家中有事、客人来访等，你可挑选较合情理的一种，作为事后的解释。

为了避免直言，运用各种暗示，以含蓄、隐晦的方法来向对方发出某种寓着自己真实想法、态度的信息，以此来影响对方的心理，使对方明白自己的心意，这也不失为一个妙招。

一次，某乡党委为了加强机关干部管理，在工作考勤等方面作了一系列规定。决定由曾在乡属企业担任过多年负责人，不久前刚调到机关任传达室工作的一位老同志负责考勤登记。这位老同志认为这项工作易得罪人，不愿意干。说自己过去就是因为办事太认真，得罪了不少人，正在吸取"教训"。

听了他的话，乡党委书记委婉地讲了一个故事：某电影导演，为拍部片子四处寻找合适的演员。一天，发现了一个合适的人选，便通知他准备试镜头。这个人十分高兴，理了发换上新衣，对着镜子左照右看，总感到自己的两颗"犬牙"式的牙齿不好看，于是到医院把牙齿拔掉了。后来，当他兴致勃勃地去报到时，导演一见到他就很失望地说："对不起，你身上最珍贵的东西，被你自己当缺陷给毁掉了，我们的影片已不再需要你了。"

故事讲完后，这位老同志懂得了"坚持原则，办事认真"正是自己最好的品质，于是他愉快地接受了任务。

应当牢记的巧说话之道：

在与人交谈中，慷慨激昂，锋芒外露，固然是一种本事，但细语声声，婉言相告，也是必不可少的一种本事。要学会"绕"，正所谓"曲径通幽"，轮船正是善于"绕"，才能避开险滩暗礁，一帆风顺。

50. 怎样说话让人高兴

◎ 巧说话的学问

快乐的人能让幽默在尴尬场面触发笑声。幽默是快乐的杠杆，是生

131

活幸福的源泉，是社交的润滑剂。应付日常生活中最让人伤脑筋的尴尬局面，最神奇的武器往往是幽默，幽默的语言常常给人带来快乐，你要推销你的快乐，最好的广告就是幽默。

* * * * * *

快乐的人能说出令人高兴的话语，让人喜欢与你交谈的前提是能使谈话顺利地进行下去。重要的是选择符合对方兴趣、年龄、工作的话题。例如，对于女性，问人家"有恋人了吗？""今年几岁？"人家只能认为你是"神经质的人"。若有位男士对你刨根问底，那你一定也不会对他产生好印象。所以在开始谈话时应先问："怎么样，喜欢体育吗？""这件衣服非常好看呀！"等等引起对方的兴趣及爱好等，从对方感兴趣的事情开始进入话题。

因此，一定要避开以身体的某一特征为话题的谈话。必须注意不要谈论身体太胖啦、头发太少啦等对方比较在意的话题。另外还应避开政治、宗教、思想的话题，因为每一个人都有不同的生活方式和想法。

如果你想要自己快乐，也能使别人快乐，那么你要经常自我检查一下，你是否话说得太快？如果是，可能会给听众一种神经质的印象；你是否讲得太慢？如果是，可能会给听众一种你对自己所讲的缺乏把握的印象；你是否含糊其辞？这是一种缺乏安全感的明确标志；你是否用一种牢骚的语调说话？这是一种自我放任和不成熟的标志；你的声音太高而刺耳吗？这是神经质的又一种标志；你用一种专横的方式说话吗？这意味着你是固执己见的；你用一种做作的方式说话吗？这是一种害羞的标志。

快乐的话语是诚挚自然的，饱含着信心与智慧，还隐含着一种轻松的微笑。如果你掌握了这个诀窍，那么你的朋友和你都会快乐地享受生活。

应当牢记的巧说话之道：

让别人高兴的说话术是一种快乐心理的反映。每个人都有享受快乐生活的权利，而给朋友带来快乐的人自己就拥有了两份快乐，你愿不愿意学做一个快乐的人？快乐的人能以自信的人格力量鼓舞他人。自信是人生的一大美德，是克敌制胜的法宝。在社交中，和一个充满自信心的人在一起，你会备感轻松愉快，即使遇到困难挫折，也会以乐观自信的态度去克服。这种人格力量本身对别人也是一种鼓舞。快乐的人能用富有魅力的微笑感染别人。人人都希望别人喜爱自己、重视自己。微笑能缩短人与人之间的距离，融化人与人之间的矛盾，释解敌对情绪，生活中没有人拒收微笑这一"贿赂"。快乐的人能不惜代价让对方快乐起来。谁不希望自己快乐？如果你是能给对方带来快乐的人，你也会是一个受欢迎的人。为了使对方快乐，你应多寻找一些引起人快乐的方法，有时，为了让别人快乐，可以不惜一切代价。

51. 聊天也要有水平

◎ 巧说话的学问

聊天是说话中一种极无功利性的交谈形式。紧张工作之余，节假日之际，人们凑到一起，几盏清茶，一碟瓜籽，不为利害，只为"闲聊"。人们充分放松，把所见、所闻、所想、所感无拘无束地"侃"出来，从而使精神松弛，心情愉悦，得到有益的消闲和休息。所以，聊天已成为人们极喜爱的一种谈话方式。

* * * * *

聊天的水平主要表现为：

(1) 要找到可聊的话题

聊天时,开头同样很难,它尤如源头,话题有兴趣,则加入的人多,谈得才尽兴;若话题只三言两语,不能深入,则使人索然无味。会聊天的人,首先不在于他说了些什么,而在于他出了个什么话题,使参加者能全神投入,聊得畅快。这应从分析聊天的对象入手。一般来说,同窗故友,忆旧便是最好的话题;中年朋友,家庭、事业是最有体会的话题;对老年人,健康活动是较适宜的话题;情趣高雅者,墙上的字画,桌上的读物,便是最好的话题;涉世未深者,事业功名是他们感兴趣的话题。而最能适应所有对象的话题是新闻。

(2) 语言宜轻松

有了好的话题,但谈话过程中语言过于正统,过于严肃,往往使聊者听而却步,一本正经地聊则是最乏味的。善于聊天的人,经常使用轻松幽默的语言,听起来话语随意,多取譬喻,幽默风趣,创造出宽松愉快的交谈气氛,使大家在交谈中得到松弛和愉快,这样的人会成为聊天的主角。

(3) "听"话亦助"聊"

许多人认为聊天必得开口,甚至有人口若悬河,滔滔不绝,独霸聊坛。其实,聊天要能顺利进行,还有一种无声的语言艺术——以听助聊。在恰当的时间,恰当的话题,成为聊天中的主要听众,给发话者以呼应,或赞成,助其深入;或反对,引起思考。听是聊的一种辅助,听后的简短呼应反馈,也能表现听者的说话水平。

(4) 善于断话题

聊天随意谈来,却也有"雅"、"俗"之分。高雅的聊天能给人以有用的信息、口才的锻炼,有助于身心的健康,而低俗的聊天却无异于浪费时光、谋财害命。清人敦诚对聊天水平的高低之别早有论说,他认为聊天可以分为四个等级:上乘、中乘、下乘、最下乘。他说:"闲居之乐，无逾于友，友集之乐，是在于谈；谈言之乐，又在奇谐雄辩、逸趣横生；词文书史，供我挥霍，是谓谈之上乘。衔杯话旧，击钵分盏，兴致亦豪雅间出，是谓谈之中乘。议论不尽知之政令，臧否不足数之人物，是谓谈之下乘。至于叹羡没交涉之荣辱，分诉极无谓之是非，斯又最下乘也。"

聊天要以对人有益为准。但聊者形形色色，可能会说出荒诞不经甚至粗俗下流的话题，这时，你若能适时巧妙地让大家转移到别的话题上，可以说你掌握了聊天中适时截断无益话题，使聊天健康进行的语言艺术。如当人们聊凶杀、奸淫话题时，你若能说："这些都和家庭教育有一定关系。比如我认识的一个人……"自然而然地把话题引到对孩子的家庭教育与社会问题的探讨上。反之，你若用生硬的话说："你们谈这些真无聊，还不如谈谈物价……"那么你将会打断人们的谈兴，破坏聊天的气氛。避之巧妙，才称得上水平和艺术。

应当牢记的巧说话之道：

聊天的内容十分广泛，通常没有固定的话题。大到时事政治、科学文化、天文地理、文学艺术，小到街谈巷议、家庭琐事，纵横古今中外、天南地北，人们在聊天中交流看法、沟通情感、传播和获取信息。而话题宽泛、信息量大、无拘无束又正是聊天的魅力所在。

52. 强化聊天的技巧

◎ 巧说话的学问

任何年纪的人都需要聊天，就像需要吃饭一样，连清教徒也不例外。许多人在正式谈论一件事情的时候，都喜欢以轻松的话题作为开场白，然后再逐步导入正题。律师、作家、新闻记者及演员都是这方面的专家。他们都懂得如何以轻松的方式开场，然后再迅速把握住谈话的主题，达到充分沟通的目的。

* * * * * *

当你在寻找话题的时候，最好不要涉及政治与宗教信仰这两个主题，因为这类话题最容易引起激烈的争辩，而将原来的轻松场面一扫而空。最好谈一些小的、不重要的事情。如果你以这些话题作为开场白，对方一定不会认为你是在说教、吹牛或宣扬你的主张。

我们在聊天这件事上最容易犯的错误，就是一见面就从对方所从事的工作谈起。我们总以为，和医生谈开刀，和运动员谈打球，和商人谈生意经，和国会议员谈政治，乃是"天经地义"的事。殊不知，他们一年到头做同样的事情，已经够烦的了，如果你再不识相地和他谈这些事情，表面上他不会发作，内心很可能把你当成是"无聊分子"。美国前任总统肯尼迪最讨厌和别人谈政治，可是偏偏许多人都找他谈政治，还自以为此举可以讨好他呢！

那么，我们到底应该谈哪些事情呢？最好的办法，就是经常阅读报纸和一般性的杂志，以增加各方面的常识。不然，除了"你好吗？""今天天气不错啊！"之外，接下来你就不知道要聊些什么了。

新闻人物也是一个很好的话题，诸如泰森、小布什和阿拉法特等。其他如哪里新开了一家餐厅、什么地方最适宜度假、爱滋病、恐怖事件等，都是很好的开场白。

"沉默是金"在社交场合根本行不通，而且是非常不礼貌的。反之，善于打破沉默、谈笑风生、能带动会场气氛的人，走到哪里都会受到大家的欢迎。这种人不会让会场沉默太久，也不会让"无聊分子"一直强迫别人听他的训话。这种人懂得适时转变话题，让大家都有台阶下。社交活动的目的，就是要让话题一直继续下去，使得宾主尽欢。如果你不想说话，还不如回到家里看电视、读小说算了。

以下八点建议，可以帮助我们增进聊天的技巧：

①在和朋友的聚会当中，不要站在一个地方不动，这样会给"无聊分子"可趁之机，抓住你不放，大谈他的得意事情。你最好往人群聚集的地方去，听听他们在谈些什么，这样你也有机会发表你的意见。等到有趣的话题谈得差不多的时候，再找个借口离开，另寻聊天的对象。这种游击式的方法，很容易找到真正可以聊天的对象，也可以认识许多朋友。

②如果是家庭式的宴会，势必要坐等聊天。这时，你有"义务"和左右及对面的人聊天，不要冷落任何一个人。还有，在主菜上来之前，不要把聊天的话题一下子用光了，免得上了菜之后大家都在那儿干瞪眼。一位女士非常懂得聊天的技巧。她和初次见面的女士聊天，用的都是同样的一套："你戴的这串项链（或手镯、戒指）真漂亮，是别人送的，还是……"几乎没有一次例外，被她问到的女士都乐意诉说得到这串项链的故事。

③千万不要讲"不好笑"的笑话。讲笑话一定要看场合及对象，如果你没有把握，干脆等着听别人讲笑话算了。

④聊天的话题是否有趣，所谈的一定要是每个人都知道的人和事物。如果你谈的是一个谁都不认识的人，必然引不起大家的兴趣。

⑤千万不要说："你们看，站在角落的那个女士穿得有多丑，而且她的脸还动过整容手术。"说不定听众当中，就有这位女士的丈夫。

⑥如果你发觉听众已经不耐烦了，最好赶快闭嘴，听听别人的高论，何必一定要硬撑下去呢？

⑦每一位男士都喜欢听到别人说他很风趣，每一位女士都喜欢别人称赞她很漂亮。

⑧有些杂志是很好的话题。一般说来，谈自己的孩子，还不如谈谈你养的小狗。

应当牢记的巧说话之道：

善于聊天的人之所以能把谈话的气氛营造得很热络，并不是靠自己比别人懂得更多，或声调比别人高，或最会讲笑话，或懂得"控制"谈话的方向。聊天聊得好，并不是什么秘密，甚至一点也不困难。首先，你的谈话态度一定要放轻松，然后再设法找出对方喜欢的话题，尽量让对方发表看法。至于你，"不妨装出"有兴趣的样子，仔细地倾听。

53. 成为说话高手的秘诀

◎ 巧说话的学问

良好的谈吐可以助人成功，蹩脚的谈吐可以令人万劫不复。在日常生活中，周围的人很多，有口若悬河的，有期期艾艾、不知所云的，有谈吐隽永的，有语言干瘪，意兴阑珊的，有唇枪舌剑的……人们的口才能力有大小之分，说话的效果也是天差地别的。因此，要想在口才上成为高手，就必须先把握其中的奥秘。

* * * * * *

一个人的话能否被别人所接受，取决于他的可信度。而要提高可信度，在形象上要做到衣饰恰当、举止大方、谈吐自然得体、眼神专注、表情沉稳。

不同的人接受他人意见的方式和敏感度都是不同的。一般来说，文化水平较高的人，不屑听肤浅、通俗的话，应多用抽象的推理；文化层次较低的人，听不懂高深的理论，应多举明显的事例；刚愎自用的人，不宜循循善诱，可以激他；喜欢夸大的人，不宜用表里如一的话，不妨诱导；生性沉默的人，要多挑动他发火；脾气急躁的人，用语要简明快捷；思想顽固的人，要看准他的兴趣点，进行转化；情绪不正常的人，要让他恢复正常后才谈。如此等等，只有知己知彼，才能对症下药，收到最好的说服效果。

古语说："凡事预则立，不预则废。"所以进行说服以前，你有必要对下列问题仔细地考虑：你要对谁讲，将要讲什么，为什么要讲这些内容，怎么讲法，有什么有利因素和不利因素，怎样处理等等。

有一次美国前国务卿基辛格对周恩来总理说："我发现你们中国人走路都喜欢弓着背，而我们美国人走路大都是挺着胸！这是为什么？"对基辛格这句话首先要做出准确的判断，是恶意，还是玩笑？不能说这话是十分友善之谈，但也没有明显的恶意，气氛和情绪并不是对立的，说的情况基本属实，话语本身带有调侃的色彩。所以，回答也要用调侃的口吻，恰如其分。周总理回答说："这个好理解，我们中国人走上坡路，当然是弓着腰的；你们美国人在走下坡路，当然是挺着胸的。"说完，哈哈大笑。周总理的应变确实敏锐，分寸掌握得十分恰当，既有反唇相讥的意味，又带有半开玩笑的情趣；既不影响谈话的友好气氛，又表现了自信的力量，可谓恰如其分，表现了周总理卓越的语言技巧。

不论是男人还是女人，从没听到过谁说不喜欢潇洒的人，也没有人说不希望成为潇洒的人。尽管女人潇洒现在仍然被一些人看不惯，但由于社会在向前发展，如果紧紧抓住旧的时代风尚不放，人的头脑势必太僵化了。现在有的人把那些"女强人"称为潇洒，这是令人不敢苟同的。这些女人常喜用男性用语："你会喝酒吗？""会。""喝得凶不凶？""当然，我家祖上就是因为喝酒而破产的。"这种女人只会给人留下泼辣的印象，她男性化的性格并不能算是潇洒。真正潇洒的女人给人留下的是洒脱、灵活的印象，与这种女性交谈会使人感到很舒服。当然，无论是男性还是女性，你都必须对语言的感觉很有把握，必须要有丰富的词汇和多变的音调，而且有时必须完全改变为流畅、漂亮的用语，这样才能表现出灵活的魅力。而男人的潇洒更是深藏于心的品性。

应当牢记的巧说话之道：

古人云："言为心声"，语言的使用，主要取决于说话者的思想水平、文化修养、道德情操，但同时讲究语言的艺术也同样十分重要。同样一个思想，从不同的人嘴里说出，往往会收到不同的效果。

54. 让自己的语言更生动

◎ 巧说话的学问

有些人讲话最容易给人一种生硬的、僵化的印象，枯燥的语言，干巴巴的语气，最容易令人反感，也提不起人们说话的兴趣。而生动的语言具有下列六个要素，能够像和煦的春风一样让你感到自然、亲切。

* * * * * *

（1）口语化

口语化不等于不加选择地使用日常用语，口语化仍然要讲求语言艺术和技巧，要朗朗上口。

（2）通俗易懂

应该通俗易懂，避免使用深奥难懂的词汇和字眼。通俗易懂并不十分容易做到，用大众易于理解的语言表达深刻的思想、观点、复杂的事件、重要的问题、层出不穷的事物，没有一定的语言功底是达不到高水准的。

(3) 朴实自然

观众用耳朵接受信息，往往不那么全神贯注。如果拐弯抹角，卖弄文字游戏，观众就会感到费解。朴实无华、自然顺畅听起来才能使观众易于理解。

(4) 简短明晰

能够在一个句子中只表达一种意思或观点，由简短的词语组成的陈述句能够起到这种作用。能以较快的速度传播信息，要尽可能减少混乱。清晰地叙述一件事，才能让听众一听即懂。

(5) 形象生动

生硬呆板的语言，使人常常感到乏味平淡，毫无兴致而言。怎样做到形象生动呢？

①选择响亮上口的词语。比如，将"立即"改成"马上"，"气候"改成"天气"等。

②多用双音词。单音词只有一个音节，一闪而过。双音词两个音节，音波存在时间长，给人印象深一些。例如："曾"换成"曾经"，"虽"换成"虽然"，"乃"换成"就是"等。

③将抽象的内容具体化，变成形象说法。比如，将难以记忆的数字转换成容易记忆的说法。例如，"到2000年，每3个中国人中就有一个超过50岁"，这样说比用多少多少万个容易记忆。

④不用倒装句、祈使句。在文学写作中这种生动的句法并不适合于口头语言。例如"还是党的政策好！"某某感叹地说。这种说法，听众听起来感到别扭。

(6) 节奏感强

应该尽量使语言富有节奏感。节奏感强的语句给人一种和谐的听觉感受，容易记忆，也容易接受。要求加强节奏感，听众听起来往往能够有精神、来情绪。如果慢条斯理，拖泥带水，听众往往会产生疲倦感觉，提不起精神，失去倾听的耐心。

应当牢记的巧说话之道：

生动的语言是最好的说话装饰。

55. 先声夺人，占据心理优势

◎ 巧说话的学问

怎样才能在说话时先声夺人呢？这是一种占据心理优势的成功术。

* * * * * *

（1）一开始便宣布最低目标以压制对方

对于初次见面的人，如果能给予先发制人的一击，就可以在心理上压倒对方。例如，一开始便宣布此次见面的最低目标，如果你说："今天你只要记得我的名字就行了"，或者说："无论如何，请给我五分钟的时间"，那么，对方往往会接受你的暗示，感到自己至少有记住你的名字或给你五分钟讲话机会的义务，使以后的话题朝着对你有利的方向发展。

（2）争论中自己先提问题可占先机

在唇枪舌战中，你不要老等着对手发问后，你去机械地被动应答。而首先就反问对方，逼着对方按照你的思路去行进，这样起码从心理上你就首先赢得了胜利。

（3）让对方先表现礼貌而你可故意忽视礼仪

礼仪是为了那些社会地位方面存在着高低之分的人们能顺利进行交流而制定的。例如，从礼节上来说，地位较低的人应该先向地位高的一方打招呼，至于进餐，则由地位较高的人先动筷子等。由此可见，礼仪其实是清楚地反映出了人与人之间的序列关系。因此，如果你采取序列较高者的行动，例如，鞠躬时让对方先鞠躬，进餐时则要先动筷子，这样便能占据优势。有时候，故意忽视礼仪也是一种很重要的心理战术。

（4）比对方提前到达约定地点

当自己比约定的时间晚到时，难免会觉得很不好意思；倘若发现对方还没到，心情就舒畅，同时也觉得很从容，看见对手的时候，心理上总有一种优越感。

应当牢记的巧说话之道：

先声夺人的说话术，是通过敏锐的眼光和精细的把握以及巧妙的言谈来取得的。

56. 轻松地把"不"说出口

◎ 巧说话的学问

怎样学会拒绝别人呢？很多人为此伤过脑筋，不妨这样：

* * * * * *

（1）在别人提出要求前做好说"不"的准备

那些在别人不论提出多么不合理的要求时很难说"不"的人，通常是由于以下一种或几种原因：

①对自己的判断力缺乏自信，不知道什么是应该做的，什么是别人不该期望自己做的。

②渴望讨别人喜欢，担心拒绝别人的请求会让人把自己看扁了。

③对自己能成功地负起多少责任认识不清。

④具有完善的道德标准。他们会为"拒绝帮助"别人而感到罪过。

⑤觉得自己低人一等，因而把别人看成是能控制自己的"权威人士"。

然而，不论出于何种理由，这些不敢说"不"的人通常承认自己受感情所支配。不管过去的经历如何，他们从未在别人提出要求时有一个准备好的答复。

假如发现自己的拒绝是完全公平合理之时都很难启齿说"不"，那么请用以下这些方法帮助你自己：

①在别人可能向你提出你不能接受的要求之前做好准备。

②把你的答复预先演习一遍，准备三至四套可使用的句子（例如："对不起，我这几天对此只能说'不'"；"我正忙得脚底朝天呢。"），对着镜子大声练习几遍。

③当你说"不"时，别编造借口。如果你有理由拒绝而且想把理由告诉别人，是很好的。要简捷明了，一语中的。但你不必硬找理由。你有充分的权力说"不"。

④在说出"不"之后要坚持，假如举棋不定，别人会认为可以说服你改变主意。

⑤在说出"不"之后千万别有负罪感。

（2）用沉默表示"不"

当别人问："你喜欢阿兰德隆吗？"你心里并不喜欢，这时，你可以不表态，或者一笑置之，别人即会明白。

一位不大熟识的朋友邀请你参加晚会，送来请帖，你可以不予回复。它本身说明，你不愿参加这样的活动。

（3）用拖延表示"不"

一位女友想和你约会。她在电话里问你："今天晚上八点钟去跳舞，好吗？"你可以回答："明天再约吧，到时候我给你去电话。"

你的同事约你星期天去钓鱼，你不想去，可以这样回答："其实我是个钓鱼迷，可自从成了家，星期天就被妻子没收啦！"

（4）用推脱表示"不"

一位客人请求你替他换个房间，你可以说："对不起，这得值班经理决定，他现在不在。"

你和妻子一块上街，妻子看到一件漂亮的连衣裙，很想买，你可以拍拍衣袋："糟糕，我忘了带钱包。"

有人想找你谈话，你看看表："对不起，我还要参加一个会，改天行吗？"

（5）用回避表示"不"

你和朋友去看了一部拙劣的武打片，出影院后，朋友问："你觉得这部片子怎么样？"你可以回答："我更喜欢抒情点的片子。"

你正发烧，但不想告诉朋友，以免引起担心。朋友关心地问："你试试体温吗？"你说："不要紧，今天天气不太好。"

（6）用反诘表示"不"

你和别人一起谈论国家大事。当对方问："你是否认为物价增长过快？"你可以回答："那么你认为增长太慢了吗？"

你的恋人问："你讨厌我吗？"你可以回答："你认为我讨厌你吗？"

（7）用客气表示"不"

当别人送礼品给你，而你又不能接受的情况下，你可以客气地回绝：一是说客气话；二是表示受宠若惊，不敢领受；三是强调对方留着它会有更多的用途等。

（8）用外交辞令说"不"

外交官们在遇到他们不想回答或不愿回答的问题时，总是用一句话来搪塞："无可奉告"。生活中，当我们暂时无法说"是与不是"时，也可用这句话。

还有一些话可以用作搪塞："天知道。""事实会告诉你的。""这个嘛……难说。"等等。

（9）以友好、热情的方式说"不"

一位作家想同某教授交朋友。作家热情地说："今晚我请你共进晚餐，你愿意吗？"不巧教授正忙于准备学术报告会的讲稿，实在抽不出时间。于是，他亲热地笑了笑，带着歉意说："对你的邀请，我感到非常荣幸，可是我正忙于准备讲稿，实在无法脱身，十分抱歉！"他的拒绝是有礼貌而且愉快的，但又是那么干脆。

（10）避免只针对对方一人

某造纸厂的推销员上某单位推销纸张。推销员找到他熟悉的这个单位的总务处长，恳求他订货。总务处长彬彬有礼地说："实在对不起，我们单位已同某国营造纸厂签订了长期购买合同，单位规定再不向其他任何单位购买纸张了，我也应按照规定办。"因为总务处长讲的是任何单位，就不仅仅针对这个造纸厂了。

应当牢记的巧说话之道：

当我们羞于说"不"的时候，请恰当地运用上述方法。但是，在处理重大事务时，来不得半点含糊，应当明确说"不"。

57. 以笑脸面对拒绝

◎ 巧说话的学问

笑脸的作用是奇妙的；同样在谈话艺术中，笑脸的作用可以起到"挡箭牌"的作用。

* * * * *

海耶斯在还是一个刚刚踏入推销界的实习推销员的时候，他跟一位老练的推销员来到某个地区推销收银机。当他们进入一家小商店时，老板突然大叫："我们对收银机没兴趣！"

老推销员就靠在柜台上，咯咯笑了起来，仿佛他刚听到世界上最好笑的故事一样，店老板瞪着他。

老推销员直起身子，微笑着道歉说："我忍不住要笑。你令我想起另一家商店的老板，他也说他没兴趣，后来他成了我们最好的主顾之一。"

随后这位熟练的老推销员继续很正经地展示他推销的货品，每一次老板表示他对这东西没兴趣，老推销员就把头埋在臂弯里，咯咯笑了起来，然后他会抬起头来，又说一个故事，同样是说某人在表示不感兴趣之后，买了一台新的收银机。

海耶斯感到大家都在看他们。他当时窘透了——其实是怕死了。他对自己说："他们会以为我们是一对傻瓜，而把我们赶出去。"

那位老推销员只是继续地咯咯笑，把头埋进臂弯里，再抬起头来——把店老板的每一声拒绝转变为他幽默的回想。

很奇怪的是，不一会儿，他们搬进一台新的收银机。老推销员以思想周密的行家口吻，向老板说明用法——

这就是充满韧性的幽默使用者所取得的成功。因为坚忍不拔、顽强执著是一个人事业成功的关键所在。对执著的攻击和嘲笑，常常会受到幽默使用者的应有反击。

对付软磨硬泡中的尴尬，笑声和幽默是最好的润滑剂。有道是"伸手不打笑脸人"，受缠者很难翻脸正是继续泡下去的有利条件。

应当牢记的巧说话之道：

大部分的人，都会对带着笑脸的人有一份莫名的好感，明朗的脸可以让人有安全感；阴暗的脸色，总会给人一种疑惑感、嫌恶感、威吓感。因此，我们不能不注意自己是否是一幅明暗的表情。可能的话，总是让自己有一幅明朗的笑脸。如此下去，对方很可能被你"笑化"，答应你的请求。

58. 自如地和陌生人攀谈

◎ 巧说话的学问

怎样才能和陌生人攀谈自如呢？美国著名记者阿迪斯·怀特曼指出，害怕陌生人这种心理，我们大家都会产生，例如在聚会上我们想不到有什么风趣或是言之有物的话可说的时候；在求职面试中拼命想给人好印象的时候。事实上，无论何时何地，我们遇上看来有趣的人时，心里都会七上八下，不知该怎样打开话匣子。然而，懂得怎样毫无拘束地与人结识，能使我们扩大朋友的圈子，使生活丰富起来。

* * * * * *

多年来阿迪斯以记者身份往返世界各地，他和陌生人的谈话有许多是毕生难忘的。他说："这就好像你不停地打开一些礼物盒，事前却完全不知道里面有什么。老实说，陌生人引人入胜之处，就在于我们对他们一无所知。"

阿迪斯举例说，新奥尔良有个修女，她看起来温文尔雅，不问世事。但是阿迪斯不久便发现她的工作原来是协助粗野的年轻释囚重新做人。他还在加拿大一列火车上遇到一位一本正经的老妇，她说她正前往北极圈内的一个村庄，因为她听人说在那里她会见到北极熊在街上走！

阿迪斯说："跟我谈过话的陌生人，几乎每一个都使我获益匪浅。"一个在公园里遇到的园丁，告诉阿迪斯关于植物生长的知识，比他从任何地方学到的都多。埃及帝王谷一个出租车司机，请阿迪斯到他没铺地板的家里吃茶，让他认识到一种与自己迥然不同的生活方式。在挪威奥斯陆，一个二次世界大战时曾经参加秘密抵抗组织的战士，带阿迪斯到海边一个风吹草动的荒凉高原。他告诉阿迪斯说，就在那个地方，纳粹为了报复抵抗组织的袭击而把人质处决。

我们过去从来没有见过的人，甚至能帮助我们认识自己。因为我们可能对一个陌生人说出我们时常想说但又不敢向亲友开口的心里话，他们因此便成了我们认识自己的一面新镜子。

如果运气好，和陌生人的偶遇还会发展成为终身不渝的友谊。仔细想来，我们的朋友哪一个原来不是陌生人？阿迪斯说："世界上没有陌生人，只有还未认识的朋友。"

那么，我们遇上陌生人，怎样才能好好利用这一刻呢？

（1）先了解对方

美国总统罗斯福是一个交际能手。早年还没有被选为总统时，在一次宴会上，他看见席间坐着许多不认识的人。如何使这些陌生人都成为自己的朋友呢？罗斯福找到自己熟悉的记者，从他那里，把自己想认识的人的姓名、情况打听清楚，然后主动叫出他们的名字，谈一些他们感兴趣的事。此举大获成功。这些人很快成了罗斯福竞选时的有力支持者。

（2）选择适宜的话题

如果觉得"实在没有什么好说"，可以考虑以下话题：

①坦白说明你的感受。

例如你可能在晚餐会上对自己嘀咕："我太害羞，与这种聚会格格不入。或是刚好相反，你认为许多人讨厌这种聚会，但是我很喜欢。"

不管你怎么想，你要把你的感受向第一个似乎愿意洗耳恭听的人说出来。这个人可能就是你的知音。无论如何，坦白说出"我很害羞"

二　巧说话　学会让对方兴奋起来

149

或"我在这里一个人也不认识",总比让自己显得拘谨冷漠好得多。

最健谈的人就是勇于坦白的人。这还有一个好处,如果你能坦诚相见,对方也会无拘束地向你吐露心声。

一次,阿迪斯跟一位写过一本畅销书的心理学家谈话。阿迪斯通常对这类的访问都能应付自如,而且会从中得到很大裨益,所以当他发觉自己结结巴巴,不知怎样开口时,简直大吃一惊。最后阿迪斯说:"不知为什么我对你有点害怕。"那位心理学家对阿迪斯这个说法非常有兴趣,随即大家就自然地谈起来了。

②谈谈周围的环境。

如果你十分好奇,你自然会找到谈话题目。有一次一个陌生人审视周围,然后打破沉默,开口说:"在鸡尾酒会上可以看到人生百态!"这就是一句很有趣的开场白。

阿迪斯有一次坐火车,身边坐了一位沉默寡言的女士,一连几个小时他千方百计引她说话都未成功。等到还有半个小时就要分手时,他们经过一个小海湾,大家都看到远处岬角上一座独立无依的房屋。她凝视着房子,一直到看不到它为止。然后她突然说道:"我小时候就生活在像这种杳无人迹的地方,住在一座灯塔里。"接着她忆述了那种生活的荒凉与美丽。

③以对方为话题。

有一次,阿迪斯听见一位太太对一个陌生的女士说:"你长得真好看。"也许,我们大多数人都没有说这种话的勇气,不过我们可以说:"我远远就看见你进来,我想……"或是:"你看着的那本书正是我最喜欢的。"

④提出问题。

许多难忘的谈话都是从一个问题开始的。阿迪斯常常问人:"你每天的工作情况怎样?"通常人们都会热心回答。

一定要避免令人扫兴的话题。可能没有人愿意听你高谈阔论诸如狗、孩子、食物和菜谱，自己的健康、高尔夫球，以及家庭纠纷之类的事。所以，在谈话中最好不要谈及这些问题。

邱吉尔就认为孩子是不宜老挂在嘴边的话题。有一次，一位大使对他说："温斯敦·邱吉尔爵士，你知道吗，我还一次都没跟您说起我的孙子呢。"邱吉尔拍了拍他的肩膀说："我知道，亲爱的伙伴，为此我实在是非常感谢！"

（3）会引导别人进入交谈

在交淡中，除了吸引对方的兴趣之外，还必须学会引导对方加入交谈。

常听到一些青年人说：他们在约会的时候，老是不能保证交谈生动活跃。其实，这本来是一个非常易于掌握的技巧，只要问一些需要回答的话，谈话就能持续下去。但是，如果你只问："天气挺好的，是吧？"对方用一句话就可以回答了："是啊，天气真不错！"这样，谈话也就进行不下去了。

如果你想让你的谈话对象开口畅谈，不妨用下列问句来引导："为什么会……？""你认为怎样才能……？""按你的想法，应该是……？""你如何解释……？""你能不能举个例子？"总之，"如何"、"什么"、"为什么"是提问的三件法宝。

（4）要简捷而有条理

不懂节制是最恶劣的语言习惯之一。

无论是和一位朋友交谈，还是在数千人的场合演讲，最重要的就是"说话扼要切题"。

担任企业行政主管的人几乎都认为：在商业场合里，最让人头痛的就是讲话没有条理。不知有多少人的时光都浪费在那些信口开河、多余无聊的车轱辘话中去了。

如果你说话的目的是要告诉别人一件事，那就直截了当地说出来，不必扯得过远。

(5) 要避免过多地使用"我"

人们在口头最常用的字之一就是"我"。这些人应该学学苏格拉底不说："我想"而说："你看呢？"曾有这么一个笑话：在一个园艺俱乐部的聚会中，有位先生在3分钟的讲话时间里，用了36个"我"。不是说："我……"，就是说"我的……"，"我的花园……"，"我的篱笆……"。结果，他的一位熟人忍不住走过去对他说："真遗憾！你失去了妻子。""失去了妻子？"他吃了一惊。"没有！她好好的啊！""是吗？那么难道她和你谈到的花园一点关系都没有吗？"

(6) 要尽量少插嘴

插嘴，就像是一把"钩子"，不到万不得已时，最好不要用它。约翰·洛克说："打断别人说话是最无礼的行为。"

不要用不相关的话题打断别人的谈话；不要用无意义的评论扰乱别人的谈话；不要抢着替别人说话；不要急于帮助别人讲完故事；不要为争论鸡毛蒜皮的小事打断别人的正题。总之，别轻易插嘴，除非那人讲话的时间拖得太长，他的话不再吸引人，甚至令人昏昏欲睡，已经引起大家的厌恶。这时，你打断他倒是做了一件仁慈的好事！

(7) 留心倾听

谈话投机，有一半要靠倾听，不倾听就不能真正交谈。但是倾听也是一种艺术。

跟新认识的人谈话的时候，你要看着他，好好地反应，鼓励他继续说下去。这样，倾听就不是被动，而是主动，是不断向前探索。有意义的谈话——有别于无聊的闲谈——其目的就是有助于互相发现和了解。

那么你怎么做，才能使谈话投机呢？要记住这一点：你对人家好奇，人家也对你好奇；你能增加他们的生活情趣，他们也能增加你的生活情趣。只由对方一个人说话，比由你一个人说话好不了多少。

毛病出在很少有人能认识到他们也要付出一点力。有时，他们认为自己害羞或平淡无味，他们会说："我没有什么值得一谈的事情。"他们这样说几乎一定是错的。事实上，大多数人都是有兴趣的。

多罗西·萨尔诺夫在其著作《语言可改变你的一生》中写道："实际上，即使一个充满缺点，脑筋糊涂和变化无常的人，也有其令人惊奇之处。"

应当牢记的巧说话之道：

我们需要陌生人的刺激——一个跟我们不同、暂时是个谜的人。此外，和陌生人见面还会多少对你有所影响。在最好的情况下，那是彼此心灵相通，意气相投，一次邂逅成为你以后生命的一部分。我们当中许多人都想说别人期待我们说的话，而且觉得自己与别人不同就担心。然而正因为有这种不同，人生才能成为大戏台。如果我们彼此坦诚相对，不为别的而只为互相了解，那么我们就能谈得投机，相见欢愉。

59. 轻松愉快地与名人交谈

◎ **巧说话的学问**

传媒的发展使名人越来越多，或许你在超市或银行就能遇上一位。当你遇见名人时，有两种选择：你可以自己对自己说：你太平庸了，不应打扰他。但这只意味着你太怕羞；另一种是你兴致勃勃地靠近他和他说点什么。如果你能熟练地运用一些令人高兴的开场白，名人也会被你所吸引。

* * * * * *

（1）不要错过遇见名人的机会

和名人交谈并非是件麻烦事，你不必因为怕麻烦就索性不和他打交道。名人当然期盼着受到注意。许多名人会因没有人注意他们而感到失望。问题往往出在我们自己身上，因为我们认为名人会因别人太多的打扰而感觉不快。正因为如此，许多人错过了和名人交谈的良机。所以，你应该抓住面前的每个机会，即使交谈几句也好。当然，你要做到彬彬有礼，以使你们的交谈融洽。

和名人交谈要为对方着想。当名人正在用餐或休息时，不要去打搅他。如果当你与名人相见发现对方面露倦容时，在简短的寒暄之后，便不要烦扰他了。这时，他会深深地感谢你的。如果他想和你交谈，这便是一个良好的开端。

（2）以自然的方式接近名人

自然而尽情地表达你对他的敬佩之情，这样你便能和任何名人交谈。通常，即使人们不喜欢某位名人，但为了能一饱眼福，仍爱对名人说些阿谀奉承的话。但你最好与众人不同，不要滔滔不绝，好话别说得太多，那样即使你笑容可掬，也会伤他的面子。同时，你还应避免使用一些空洞、溢美之词。

如果你很真诚并且对自己要谈的话题有绝对的把握，你可提及对方给你印象最深的成就，他会被吸引而且会很高兴。但如果你预先没有机会来把握要说的话题，并且对确切的事件记不清时，最好泛泛而谈。有时某些好心的崇拜者一心只想表示他们的善意，却没料到无意中伤害了对方。

一个最常见、最糟糕的错误是崇拜者记错了对象：某作曲家没有作过那些曲子，却受到莫名其妙的祝贺；某本畅销书的作者被张冠李戴；

某演员并未演过某部电影,但却被夸奖说他在此片中的表演多么精彩。对名人来说,这是令人扫兴的事,并会给随后的交谈蒙上阴影以致难以持久。

通常,那些单独工作而又极富创造力的人,如诗人、小说家、音乐家等,在社交中往往很难放松自己。不要因对方的沉默寡言而不快,也不要表现得过分热情,而应该温和友善地为对方考虑,像对待任何过于紧张的人那样对待他。

(3) 慎重选择话题

和名人交谈,最好选择一些能显示出你对他关心的问题,如:早晨何时起床?怎样才能有足够的睡眠等。这些话体现了你在关心名人,处处为名人着想。另外,许多名人也喜欢被问及他们的孩子。在很多情况下,谈孩子是个较保险的话题。你可以问及他有几个孩子?他们多大?在哪儿?对他们的学业是否满意?如果你也是为人父母的人,你和他对孩子便会有一些相同的经验和共同的看法,这样你们便有了共同语言。你可以告诉他,你的孩子比他的大或相同年龄等诸如此类的事。

要保持谈话轻松,不要谈及那些令人沮丧的而且纯属你个人的事。不要告诉他何时自己的女儿与人私奔了,也不要提及上周医生跟你说你患了某种病,更不要提某晚你儿子出了车祸。此时绝不是谈这些话题的时候,它们太沉重,太令人沮丧,又属于你的私事。

此外,名人在他们的职业之外,还有些各不相同的爱好。当你被预先告知要见某位名人时,你可以从他的自传、报纸杂志上获得一些有关他的兴趣、爱好方面的消息。

(4) 谈些能表达你对他的感情的话

名人和我们一样也是人,也有各种苦衷。你要把他当作一个有血有肉的人来看,尽量和他谈些能表达你对他的感情的话。其实,一些名人比你更敏感,更怕受到伤害,而且也很怕羞。不要以为他的品性总是与其在职业中表现出来的一样。演员们展现在公众面前的充满信心、滑稽好笑或性感的形象常常是虚构的。特别是喜剧演员，在台上总是给人一个滑稽乐观的形象，但事实上他们也许是孤独的、失望的。

名人和我们一样也有许多兴趣爱好。许多成功地与名人交谈的人，往往是围绕这些交谈的。这些话题有可能发展成真正的双方交谈，而不只是你单方面地询问那些自己渴望知道的问题，如："你的生活一定很有趣吧？"对此，名人会觉得索然无味的。

（5）别犯低级错误

名人并非都有自己的业余爱好。和他的具体工作、专业相比，你应该更注重对后者的了解。在谈及对方工作时，有两点需要注意：

其一，不要不懂装懂。如果你假装对绘画很内行，那么当对方谈到抽象派的拼贴画或其他专业性问题时，你便会目瞪口呆。这时，他肯定会认为你是个骗子。

其二，在谈论名人的职业时，许多人易犯这样的错误：他们只提及一些显而易见的事，只谈对方所取得的最显赫的成就，而这个成就很可能根本就不是他最杰出的或最得意的。

此外，当你遇见某位名人时，还要注意不要问及和他在一起工作的名望更高的人。

应当牢记的巧说话之道：

与名人交谈，不可过于卑微，而要以表达真心为重。

60. 得体地面对赞美

◎ 巧说话的学问

面对赞美，你的应对之辞是什么样的呢？不妨这样做：

* * * * * *

（1）强调自己的努力

有一天，人们对丹麦物理学家玻尔说："你创建了世界第一流的物理学派，有什么秘诀吗？"玻尔幽默而含蓄地说："也许因为我不怕在我学生面前显露自己的愚蠢。"玻尔对别人的赞扬，没有自我炫耀，但也没有完全自我否定，而是相对地肯定了自己"不怕在学生面前显露自己的愚蠢"的优点。他把自己的成绩归结为人人可以做到的，又很难做到的"优点"，用来说明自己与别人并没有什么不同，也没有什么秘诀，既表现了自己的谦虚，又给人一种鼓舞力量。

鲁迅先生也是如此，当有人称赞鲁迅先生的天才时，鲁迅先生说："哪有什么天才，我是把别人喝咖啡的时间都用在工作上的。"鲁迅先生否认自己是天才，但却肯定自己珍惜时间这一优点，给人一种实实在在的感觉。

（2）轻松纠正以自谦

在称赞和夸奖你的语言上做文章，也是表现谦虚的一种好方法。如某大学中文系搞一次讲座，请一位著名老教授谈治学的方法。在讲座之前，主持人用赞誉之词把教授介绍一番后，说："下面我们以热烈的掌声欢迎王教授谈治学经验。"老教授走上讲台后，马上更正说："我不是谈治学，而是谈自学。"老教授说完，台下一片掌声。"治学"本身就是对教授的褒奖，因为没有成就的人是没有资格对大学生们"谈治学经验"的，而老教授只改一字，却显得妙趣横生。人们更见其治学严谨，为人谦虚的风格，真可谓妙不可言。

（3）请教批评意见

法国作家司汤达在文坛上早已声誉蜚然了，但他在写完《红与黑》后，还把手稿读给著名作家梅里美听。梅里美对其内容及其技巧大加赞赏。司汤达却说："它的优点抹杀不了。我念给您听的意思是想征得您的批评，而不是听您的赞赏。"后来梅里美对虚心诚恳的司汤达说了一段颇为精彩的话："我没有见过任何人的批评比他更坦率，或者接受朋友的批评更大方正直。"因此，司汤达在法国文坛又以谦虚好学而闻名。

应当牢记的巧说话之道：

用妥当之辞应对别人的赞美，可以让你显得更成熟，更稳重。

三、能成事
每一手都极其到位

61. 从自我做起

◎ **能成事的学问**

善于办事者总是力图从自我做起，让自己成为一个能力较强的人，这样才能赢得成功的资本。

* * * * * *

根据美国著名成功学家皮鲁克斯在《办事艺术》一书中的调查，成功者的办事态度可有以下四点：

（1）每天至少夸奖自己一次

世界著名拳王阿里在赛前总要自我推销。他告诉新闻界："我将在5秒钟之内把对手打倒，他将会招架不住。"他说这句话究竟有何目的呢？其实只是在自我推销而已。他的对手听到这话，自信心开始动摇，不敢肯定自己。比赛前当裁判解说规则时，阿里便瞪着他的对手，像是告诉他，将给他颜色瞧瞧，这些都是他自我推销的一部分。

在你的一生中，将会有各种的对手，各类的障碍。你的每一天，都好比在拳击赛中。你可以是胜利者，也可能被击败。那么为何不成为胜利者呢？这将会是更兴奋、更值得、更有趣的滋味。

其实你不必告诉你的对手，你将给他们什么颜色瞧，你只要积极地告诉自己，你是最伟大的。马上去做吧！现在把视线从书本移开，大声地说："我是最伟大的！"再说一遍吧！假如你现在是一个人独处，那么就大喊它几次。使整个墙都震动起来。那声音听起来很过瘾，不是吗？

所有成功的杰出人物，都是先推销自己。推销自我虽有许多种形式，但综归起来却只有一句话：学习去夸奖你自己，你将受到欢迎。

(2) 只把积极的思想存入你的大脑

每个人都会遇到许多不愉快、令人尴尬、使人泄气的场合。但成功者与不成功者以两种截然不同的态度来处理同一事件。不成功的人常把这些不愉快的事深深地埋在心底，他们不停地想着这事，怎么也摆脱不了这些事的纠缠，到了夜晚，他们更是为这事烦恼。

自信的成功者则完全采取另一种方法："我再也不要想它了。"成功者善于只把积极的想法存入大脑。

存在大脑中的消极的、不愉快的思想，会使你感到忧虑、沮丧和情绪低下，它使你停滞不前，而眼睁睁看着别人奋勇前进。因此，应该拒绝回忆不愉快的情形和事件。

你应该这样做：当你一个人的时候，回忆愉快、积极的经历。把好消息全部存入你的大脑，这样做将会提高你的自信心，给你以良好的自我感觉，也将帮助你的身体良性运转。

这里有一个使你的大脑产生积极作用的极好办法。每次睡觉前，你把自己的积极思想储存在大脑里，数数你幸运的事，想想许多你觉得愉快的事——你的妻子、你的孩子、你的朋友、你良好的健康状况，回忆你取得的，哪怕是小小的成功与胜利，把所有使你愉快的事都回忆一遍。

(3) 要坐在前排

曾注意否？一切会议中——在教学、教室以及其他各种集会中——后排总是塞得满满的。多数人悄悄地坐在后排，以免引人注目。他们害怕引人注目的原因是，他们缺乏自信心。

坐前排可帮助建立起你的自信心，因此，从现在起，使之成为一条规则：尽量往前坐。当然，坐前面是有点引人注目，但成功本身就是引人注目的。

(4) 将你的步伐加快四分之一

心理学认为，懒散的姿态和缓慢的步态，与一个人的心理状态有极大关系，它表明了他对待自己、工作以及他人的一种消极和不愉快的态度。但心理学家也告诉我们：可以通过改变你的姿势，加快你的前进频率而达到改变你的态度、心理的重要目的。身体动作是思维活动的结果，那些一蹶不振、意志消沉的人，连走路都是拖拖拉拉、跌跌撞撞的，他们完全缺乏自信心。

平常的人步态平常，步伐频率适中。他们给人的印象是："我确实没有什么值得自豪的。"

另一种人表现出超人的自信心。他们的步伐敏捷，看起来就像处在竞走中的冲刺阶段。他们走路的姿态好像在向整个世界宣告："我必须到一个重要的地方去，去做非常重要的事；更重要的是，我将要做的事情会在短期内取得成功。"

用加快行走频率四分之一的办法来建立自信心。挺胸、抬头，更快地往前走，你会觉得自信心倍增。

应当牢记的能成事之道：

善于办事的态度是推动一个人向前行动的力量。失去这一点的人，很可能就流于一般，从而一事无成。换句话说，只有你把自己变成一个态度积极的人，成功就会靠近你。

62. 掌握成功工作的方法

◎ 能成事的学问

成功的办事方法是与追求成功工作个性相关的。这一点被日本早稻田大学林木三道称为"工作高效和突破自我的方法"。

*　*　*　*　*　*

此方法主要是指：

（1）比别人早到公司

有位职员当年刚进入山多利酒厂时，每天都是最早到公司上班的人。有时会因到得太早，甚至连公司的大门都还没开！虽然他谦虚地表示是由于他的能力较差，因此必须比别人早到公司上班，来弥补自己能力的不足，但事实上他每天都那么早到公司，绝对有其正面的意义！

试想，其他的同事睡眼惺忪地赶到办公室时，你已经卷起袖子在做事了，他们的感受将会如何？积极、有干劲就是这样表现出来的！

（2）卷起衣袖工作，可给人留下做事积极、有干劲的印象

将长袖衣服的袖子卷起来，露出我们的肌肤，可以使人产生充满活力、做事积极的印象。听说年轻的女性往往会对卷起衣袖做事的男人产生好感。岂止是年轻的女性，任何人对卷起衣袖做事的人都会产生好感！

（3）参加事先没有安排座位的集会时，主动坐到上司的旁边，可以表现自己的自信心

在大学里，上课时通常没有排固定的座位，但奇怪的是每一次上课时，同学们所坐的座位却几乎都是固定的。成绩好、喜欢发表意见的同学，通常会坐在距离老师较近的座位，而成绩差、常常心不在焉的同学，则通常会坐在后面几排的座位。

这个道理非常简单。坐前几排的学生不但较容易为老师所重视，就是被老师叫起来解答问题的机会也比坐在后排的学生多出许多。因此对自己有信心的学生，就会选择前排的座位，反之，对自己没信心的人，就会很自然地往后坐。

同样的心理也会出现在一般公司职员的身上，对自己越有信心的人，越喜欢和上司在一起。因此参加事先没安排座位的集会时，主动坐在上司的旁边，可以表现自己的自信心！

（4）到对方的住处请教，可以显示自己的热忱与诚意

有人常说"公务人员的服务态度欠佳"。虽然他们已经开始改善他们的服务态度，但仍让人有不舒服的感觉。究其原因，最主要的是我们必须到他们那边才能办事！

另一个原因是到这些场所办事，往往会被这些公务员连名带姓地叫来叫去，而这种直呼其名的叫法又通常是上司对下属的叫法，因此被叫到的人往往就会感到不是滋味了。

上述两种原因，往往会成为我们身心两方面的负担，一个小小的手续有时必须花上一整天的时间才能办好。而这种不愉快的感觉，就是让我们对公务人员的服务态度产生抱怨与不满的原因。

和人见面也是一样，如果对方表示"到我公司来吧"，有时就会觉得很不是滋味。相反的，若对方说："我到你那边去吧"，就会有很舒服的感觉。因为在自己熟悉的环境与人见面，心里总会多一层安全感。

为了显示自己的诚意，我们不妨到对方的住所请教，虽然这样会比较累，但收成却往往会非常丰硕。

（5）该认真时就全身心投入，该笑时就开怀大笑

有些人无论是高兴或烦恼，都不会在脸上显示出喜怒哀乐的表情。

当然，面无表情的人并不代表他们内心是冷酷的。相反的，这种人的心思，有时会比正常人更细腻，更富神经质。

由于面无表情，别人就无法从他们的表情中了解他们的心思。因此对于这些看起来毫无反应的人，人们自然就会产生"他们反应迟钝"的感觉。

感情的表现越积极，越能让人了解当事人内心的感受，而感受性强

的人，往往也会让人觉得非常有魅力。因此我们在应该认真的时候，就要全身心投入，在该笑的时候，就开怀大笑，才不会让人觉得我们反应迟钝而留下坏印象。

应当牢记的能成事之道：

一个缺乏工作个性的人，常处于被动等待的状态之中，所以只能做低级的工作，而不能成为驾驭别人的强者。

63. 学会及时转变自己

◎ 能成事的学问

在办事的过程中，要学会转变自己，这是非常重要的一点，也直接关系到成败。

* * * * * *

当人们年幼时，需要父母提醒他们说"你好"、"再见"、"请"、"谢谢"及"我可以吗？"等礼貌用语。等上小学以后，这种礼貌语变得格外重要——师长会根据这些来决定他们的操行成绩。在父母及师长眼中，操行成绩不好和学业成绩不好一样令人不快。

进了初中之后，一般人对学业的重视开始凌驾于品行之上，到了高中，这种转换变得更加明显。虽然行为的好坏有时仍会影响到成绩，但已不像小学时那么重要了。

到了大学，品行已完全无法左右一个人的成绩了。学生们经常会因为自己一下子被容许有这么多个人自由而感到惊讶与兴奋。学校当局除了学业以外并没有什么其他的要求，所以有些名列前茅的学生穿得像乞丐一般也没人管。

一旦踏入社会，一个人行为举止的重要性又忽然增加了，甚至较以往有过之而无不及。对于不守规矩的孩子，为人父母者可能会斥责甚至于体罚，然而他们之间的关系却不会因此而破坏。对于年纪较小的学生的调皮捣蛋和恶作剧，为人师长者也能适度容忍，知道这是这个阶段所无法避免的。然而做老板的人，却不太可能宽恕员工在工作上有太多逾矩的行为。如同琳恩所说的，"从前上课时我只需要对老师微笑，然而现在我却必须不断地对所有的上司微笑。"罗伯的感受更是难堪，科长要求他每天经过办公桌前要说"早安"，他懊恼地说："简直又像回到了七岁！"

总之，工作世界中存在着一种反民主的气氛。而美国许多公司的规模日趋扩展及近年来流行的企业兼并，更扩大了这个问题。虽然美国人并不喜欢独裁，但在工作世界里，服从被视为必要的条件，不服从则会遭到处罚。

一般的工作者和学生并非不知道这种现象，但他们总认为，只要能够及早打算，一定可以设法逃避。"如果我喜欢听命于人，我早就去当兵了。"亨利·柏克说，但他并不想这么做。念完研究生以后，亨利进入一家小规模的顾问公司工作，在那儿可以像隐士般独自解决电子工程方面的问题。"大部分时候，这个地方就像陈尸间般的安静。"亨利快乐地说。除了工作环境安静这一点令他很满意以外，能在穿着上不修边幅也令他很高兴。他的头发又长又细腻，身上总是穿着一条褪色的牛仔裤及一件肮脏的汗衫。

在这家公司工作了 4 年以后，他决定转到别家规模较大的电脑公司做系统工程师。在新环境里，他的办公室比原先的大 3 倍，更重要的是，一开门就可以看到许多人。他原先工作的公司里只有 10 个人，而这家公司的员工却超过 1000 人。

光看亨利的行为表现，我们绝对无法了解环境不同对他的影响。他注意到新环境的噪音，（"这儿比较吵，但如果我觉得受到干扰的话，关上门就行了。"）除此之外，他觉得新公司和前一家公司没有什么不同。实际上，在他心目中，这两家公司就像学校一样。就像他所说的："我之所以喜欢在研究发展部门工作，是因为在这儿，你仍是'你自己'。他们只在意你的研究成果。"

在亨利念大学及研究生时，情况的确如此。事实上，我们得承认，这使亨利更能专心致志地做他的研究工作。就如他在大四时发表的观点："如果我不需要费神去想我牛仔裤是否肮脏的问题，我就可以更专心些。"由于亨利及校方都只在意他成绩好坏，因此并没有什么麻烦发生。但这却使他贸然下了一个错误的结论：不但在学校情况是如此，在其他地方也应该是如此。他以为任何公司如果希望他全力以赴，就得参照学校的方法行事，并且不在意他的穿着。这是一种不言自明的互惠交易：在工作上他会全力以赴创造优良的成果，惟一的条件是公司不要管他邋遢的外表。

公司也没有管这些，起码没有对亨利如此表示。在这个时候，亨利已是一位经验丰富的工程师，他对工作投入的程度实在令人没话说。每个星期他工作的时间比公司要求的还要多出10至20个小时，且经常为雇主做些连他们都不知道的额外工作。

就某种程度而言，他的看法是正确的。但一年年过去，他在公司发展的情形并不像其他能力和他相当的同事那么顺遂。在这家公司工作的第6年，一位同事建议亨利买套西装。"为什么？"亨利反问道，"我又不是要参加葬礼。"在同一个月内，他又听到类似的讯息，但却是以一种不同的方式表达出来的——他在无意中听到一位上司说："不，我不想派亨利到外面（去见顾客）。他看起来像个流浪汉。我们不能给别人这种印象。"

自此，亨利终于了解自己无法完全任意而为，虽然，他仍不打算改变自我。在他的心中仍深印着以爱因斯坦为首的传统科学家的形象：杰出，但衣衫褴褛。在偷听到他上司评语的同一年里，亨利说："没有人可以告诉人该做什么——我是指怎么穿着。"这是仅有的一次他脱口说出这种话来，但他把工作和穿着混为一谈却让我们明了整个事情的来龙去脉。

当然，他并没有失去工作，但这并不见得是好现象。在工业界里，好的科学家如果后来不能升到主管的位置，那就像是棒球场上的老球员退休后不能获得教练职位一般糟糕。两者很快地都会被年轻的竞争者取代。亨利感到最痛苦的是，下列这种情形就发生在他的眼前：一些资浅的同事已超过他，并在最近被提升到他认为自己早该获得的管理职位上。

应当牢记的能成事之道：
可见，一个不善于改变自己的人，是不可能立即获得成功的。

64. 做一个有个性的人

◎ **能成事的学问**

有时候，办事情，不在于这件事的难易，而在于你是否能让大家瞧得起，或者说你的个性是否突出。

* * * * *

亨利的许多同事认为他的薪水及升迁问题出在他的衣着上。他们错了，因为我们发现许多十分注意穿着的男女也发生了和亨利一样的问题。

"我喜欢让人看起来觉得很舒服。"格儿说，而她也的确努力这么做。她并不觉得花时间买衣服、鞋子及化妆品有什么不对,她认为职业妇女本来就该打扮一下。"我会计划好第二天该穿什么衣服。"她说,"这只需花几分钟的时间。有时我会把要穿的衣服摆出来,这样我第二天早上就可准备得更快一些。"

在工作的头8年里,格儿换了三次工作,而每一回她对工作的厌恶程度都比以前更严重。"这里的组织一点都不完善。"她在第一及第三个工作任期内时都这么说。"在这儿,我没有什么发展的机会。"这是她对三个工作共有的评语。这几年虽然过得不怎么如意,但她在不知不觉中还是从学校过渡到工作世界里,不再像学生时代那么不知天高地厚了。

熬过这段过渡期以后,她准备安定下来。这回格儿特意选择了一家规模大而且多元化的公司,因为它可以提供给她各种不同的事业途径。生产部门对她的吸引力最大。"这是业务的神经中枢。"当她决定接受这家公司提供的职位时说。

格儿做这份工作还不到4个月就与人发生了争吵,而往后的岁月里,这种类型的争吵也经常发生在她身上。她的上司莎莉,一个肥胖的女人,对某项工作计划有些意见,而格儿极端不同意她的看法。"我告诉她我觉得这很荒谬。"格儿得意地说道,同时又补充了一句:"那个胖女人连皮毛都不懂,却自以为什么都知道。"莎莉得知后很生气。从那个时候开始,她们之间就经常发生摩擦。"谁在乎啊?"事隔几个星期以后格儿说,"如果他们够聪明的话,就该早点让她走路。"

这种微妙而又长期性的冲突,不仅发生在格儿与莎莉之间,同时也开始出现在格儿与其他同事的关系上。就某些方面而言,这种现象并不令人感到惊讶,因为格儿完全是从强烈的个人角度来看工作世界的:不是朋友,就是敌人,很少有人能处在中立的位置。格儿大学时代的室友早就发现她是个很好辩的人,经过这些年后,这种情形更加严重了。也许在谋求生计方面，她很乐意做某些让步，比如说早上早点起床，准时上班，认真工作等。然而，有一方面是她绝不肯做任何妥协的，那就是她的意见。"我觉得怎样，就该是怎样！"她经常这么说。"我知道自己的想法。"而她也相当乐意让人们"领受"她的看法。

除了同事外，她对上司也是这个态度。只要牵涉到任何判断问题，格儿就希望能把自己的意见以强而有力的方式陈述出来，并使人们认真考虑它。她和小她两岁但职位和她相当的爱咪，就为了谁该管理新进来的行政助理而发生口角。"她是个白痴，"格儿在事后生气地说道，"我们一天做的事比她那一组人一个月做的还要多。"

我们并不想让人们对格儿有错误的印象，她绝对不是那种把所有上班时间花在与人争吵上的人。相反的，她算是个做事很认真的人——虽然有些地方有点保守。就像亨利一样，她很愿意在企业界好好工作，也愿意成为公司的一分子。但在这儿，我们所想要强调的一点是，如同亨利和他的穿着表达自己的独立一般，格儿也用她的意见作为表达独立的手段。

有趣的是，大学毕业后她曾到法国玩了6个星期，回来以后发表了很敏锐的看法。"法国人经常把别人（在政治或知识方面）的意见据为己有，好使自己看起来很世故的样子。"她带着微笑说道。但她却没有察觉到10年之后，自己在工作上也犯了同样的毛病。

对她提及这点（她并没有这么做，但她几位同事却这么做了），就如同亨利的朋友对他提及他的衣着一般，只会获得激烈的反应。她有一个强烈的信念，认为一个人若不能尽量把握机会表达个人的意见，就不能算是风格独特的人，更糟糕的是，还得安静地坐在那儿聆听别人讲一些你并不苟同的话。前一项作为会损害到个人的特性；后一项则意味着一个人不配拥有任何独特的人格——或者根本就没有。

格儿的态度固然能使她达到个人的目标，但对她事业上的目标却造成很大的伤害。在过去 12 年里，她一直在这家公司做事，但升迁的速度却比公司里其他资历及经验和她相当的人缓慢。"为什么呢？"她的一位已经离职的上司，回答是："我和其他几位同事都认为，她有个性方面的问题。"

这个回答一定会使格儿大吃一惊。就她个人的观点而言，她是公司里难得的几位算是有个性的人。

应当牢记的能成事之道：
没有个性就会失去很多办事的机遇，这一点是一定要记住的。

65. 让别人感受到你的存在

◎ 能成事的学问

让别人感受到你的存在，是办事的一大关键，因为这是通过印象而成功的一种方略。

* * * * *

约翰·哈特总是穿着很整齐，是个相当有礼貌的人。

"我需要时间考虑一下。"当一位同学催逼着当年 20 岁的约翰回答一个问题时，他这么答复着。每当约翰要做一个决定时，总会再三思考。人们经常责备他行动迟缓（"他总是花费很多的时间来下决心，哪怕只是为了一些小事。"他的女友说），但你必须承认一点：从没有人指责过他行事轻率或冲动。那些不喜欢他的人则认为他胆小如鼠。这种形容词并不适合用在约翰的外型上，他身高 6 尺 3 寸，体格非常强健；但就心理方面而言，这个形容词倒有几分真实性。他一向就不愿和人们打架，更尽量避免与人有任何口头上的争执。

在获得企业管理的硕士学位以后，他加盟一家国际性的化学公司工作，并对自己刚开始就获得这样的职位很满意。薪水还算不错，升迁的机会也很大。

然而，直到约翰在这家公司工作15个月以后，他才开始察觉自己的弱点，而这也是他以后经常遭遇到的麻烦。他被邀请加入一个委员会，专门负责审理公司里的源源不绝的活动报告。"公司的问题出在：必要的消息传达不到最高阶层。"约翰这么说。这家公司的规模非常庞大，分支机构遍及世界各地，所以需要很多人集体努力提出一个有效的审理报告。

不幸的是，这使约翰的上司有机会把他的表现和委员会中的其他成员做一番比较。在工作计划开展的头几个星期里，他们注意到一件事，那就是约翰的进度比其他人缓慢许多。"快点，约翰，动作迅速点吧！"他的顶头上司友善却认真地说。

约翰的速度不但没有因为这句话加快，反而停顿下来。"速度，"他憎恶地说道，"是这儿惟一重要的事。每个人都期望你昨天就把事情做完。"由于工作性质的关系，他速度缓慢这个问题很快就成为众人瞩目的焦点。因为事实显示虽然最高管理层能获得世界各地的活动报告，但这些消息总是到得太晚，以致他们不能及时采取因应措施。

由于在这个工作计划快结束时，约翰突然加起劲来，工作得和别人一样快，所以他并没有因为这件事受到多大的损失。"只要我愿意，我可以工作得和别人一样快，"他懊恼地说，"但这并不表示我喜欢这么做。"在接下来的5年里，他被擢升了两次，但升的幅度都不大。在一次会谈中，他的上司告诉他升迁的消息以后，对他说："你的工作表现不错，虽然有时缓慢了点，但是很好。"

约翰觉得如果自己换一家化学公司工作，发展的机会会更大一些，因此便开始做换工作的准备。当时，他31岁，并在另一家公司再度获得一个比他原先预期还要好的职位。"我很喜欢这儿的环境。"后来13年里，他的同事和上司却在约翰身上看到一些他们当初没有预料到的也不喜欢的特性。

如果在约翰加入这家公司两年以后举行一个人缘比赛的话，他一定拿最后一名。这并不是说他的能力比那些较受欢迎的同事差。但毫无疑问，在其他同事的眼光里，约翰是个与众不同的人。

为什么呢？且听一位办公室与约翰隔两个门的同事离职后的说法："他有时实在气死人。当你给他看一些东西，突然一切就停顿了。他会抱住那个东西不放，好像在孵豆芽。用来等他的时间，你简直可以织出一张蜘蛛网来。"

约翰对自己做事的看法则很直截了当。"我不会为了配合任何人而加快自己的脚步！"他在32岁时说。"我在这儿可不是要做个人云亦云的人。"33岁时他又补充了一句。35岁时，他在电话里问："我不应该花这么长的时间看它吗？"然后回答："那么，真对不起，他们只得等了。"到了38岁时，他说："等我一切准备妥当以后，自然会做的。"停顿了一会儿，他又补加一句他常发表的评论："这是原则问题。"

也许他是对的；但他的"原则"却妨碍了他的事业的发展。到了44岁时，他的成就并不比31岁时高出多少。就像亨利及格儿一样，好几位比较年轻的竞争者很轻易地就超越他。4年前他恼怒地问："他们有什么条件是我没有的？"

也许把约翰顽强的态度和亨利宽松的牛仔裤、格儿粗鲁的意见做比较，显得太轻率了点，但在这三个案例中，你都可看到重要的相同点。拿约翰和格儿来讲吧，自始至终，他们都决心要出人头地。然而，约翰并不打算用个人的魅力或吸引力来达到这个目标。约翰不像格儿，他是个不多嘴的人。事实上，以格儿的标准来衡量，他甚至可说是个缺乏个性的人。

三 能成事 每一手都极其到位

不过没关系，他有自己的一套。这个方式他已采用了很多年，而且认为随着自己职位的升高，他可以更有效地运用它。这个方法就是他所说的："我要正确地做我的工作。"但他又如何知道什么才是正确的呢？他自有一套评判的方法。"当别人因为我做事的方式而生气时，我就知道自己做对了。"当然他不会一直做计划中的绊脚石，因为这未免太明显了，而且可能会使他遭受被辞退的命运。他只想让别人感受到他的存在，并不想被解雇。

所以他精挑细选了几个主要的工作计划，提出一大堆反对的理由，试着使别人停顿下来，并感受到他的存在。读者也许会奇怪他怎么知道该选择哪些工作计划呢？这就是他高明的地方。他自己也不知道该如何选择，所以就留给别人决定。

他们越是对他提出的异议感到不耐烦，就越表示这个计划很重要。起码对这些人是如此。如果他们的不耐烦已到了公开发怒的地步，则表示这个计划极端重要，这时，他会变得格外顽固。对于这种不合作的态度，他该以什么做借口呢？最好的借口是："我有独立判断的权力；这是公司付我薪水的原因。我也不愿意因为受到催促而冒失地行事。这是个原则问题。""不把一件事情好好地想过一遍就贸然行事，是非常不负责的行为，您说对吗？"他会傲慢地回答善意劝告他的人。

格儿的态度基本上和约翰差不多，只是在大多数情况下，她攻击的目标是别人的意见，而非工作计划。如果她的同事或上司持同一种看法，在不自觉间她就会想持另一种看法。就像约翰一样，她不能冒险每次都与别人的意见抵触。这样子做未免太明显了。选择几个意见争论一番就足够了。问题是怎么选择呢？答案是选择那些人们带有最强烈信念的意见。如果有任何激烈的争执因此而展开的话，则表示她做了正确的选择。无怪乎她会讨厌那些没有"个性"的人。她觉得他们就像是光滑、溜脚的石块，会使她跌入一条溪中，冲向一个致命的瀑布，而这瀑布被命名为"无名氏"。

应当牢记的能成事之道：

加大自己的影响力，不仅是简单的处世方略，而且是一种非常有效的成功手段。

66. 要有积极的办事态度

◎ 能成事的学问

办任何事情都要有积极的态度，这样才能给自己信心，也给别人信心。

* * * * *

不妨这样：

（1）尽量昂首走路

我们的肢体行动能显示我们的精神状态。如果你看到一个人低垂双肩、驼背走路，你就可以断定这个人肩负着无法承担的重任。当某些事情摧垮了一个人的精神，不可避免地也要压垮他的身体，于是，他便变得弓腰驼背了。悲观消极的人，总是低着头、眼睛朝下走路。而有信心的人，走起路来总是昂首阔步，眼睛看着他想达到的目标。

（2）恰到好处地用力握手

握手的方式也能向别人透露不少自身的秘密。比如，柔软、抹布型的握手者自信心很低。许多人为了掩饰自己的缺点，握手的时候故意过分用力并显出傲慢的态度，其实是虚张声势。挤压式的握手方法，则是为了补偿其信心的缺乏。这种人的一举一动过分极端，以致无法让人相信他是一个真正有信心的人。沉稳而不过分用力的握手，把对方的手适度地握紧，则表示："我是生气勃勃，稳扎稳打的。"这才是代表着自信的握手方式。

（3）坐姿要不失身份

你坐着的时候，要尽量把背挺直，将双脚靠近。修道院院长的准则是：当你舒服地坐着时，不能降低自己的身份；当你听你对面或旁边的人谈话时，你可以摆出一种轻松的而不是紧张的坐姿；你在听别人讲述时，可以通过微笑、点头或轻轻移动位置，来表明你的兴趣与欣赏品位。请注意电视上一些访谈节目的主持人，他们的坐姿和倾听的态度简直是一种艺术。

（4）运用手势表现你的进取精神

当轮到你说话时，可以先通过手势来吸引听者注意力，强调你谈话内容的重要性。你可以：

①身体前倾，把手肘撑在桌子上，将手指头轻轻并拢；

②摘下眼镜，然后强调你的论点；

③用手轻快地掠掠头皮。

但你绝不要：

①身体后仰，以典型的答辩的姿态把双臂抱在胸前；

②擦碰鼻子；

③清理嗓门；

④用手遮掩嘴巴；

⑤让口袋里的钥匙或硬币叮当作响。

花点时间检查一下积极的和消极的手势，你将发现，积极的手势将不只使你的自我感觉良好，而且也使你和听众更接近；而消极的手势将把你与听众的距离拉大。

不管你打算采用哪种手势，它们的运用都必须有助于听众对你所说的内容的理解。

（5）诚挚自然是最有效的声音

声音是交往的最重要的手段，正如姿态一样，声音也向别人表现着自己。你可以用录音的方式，把自己的话录下来，然后进行下列检查：

①你是否说得太快？如果是，则可能会给听众一种神经质的印象；

②你是否讲得太慢？如果是，则可能会给听众一种你对自己所讲的缺乏把握的印象；

③你是否含糊其辞？这是一种缺乏安全感的标志；

④你是否用一种牢骚的语调说话？这是一种自我放任和不成熟的标志；

⑤你的声音太高而刺耳吗？这又是神经质的一种标志；

⑥你用一种专横的方式说话吗？这意味着你是固执己见的；

⑦你用一种做作的方式说话吗？这是一种害羞的标志。

最有效果的声音，是诚挚自然的，饱含信心与精力，还隐含着一种轻松的微笑。

（6）坦然的目光会增加你的信心

没有什么比你看着对面或旁边的人的方式，更能说明你的自信心。当你与对方交谈时，无论你觉得怎样的害怕或踌躇，都要看着对方。在直接凝视着对方的同时，带着一种友好的微笑。这样，你将更容易说出任何你必须说的事情。

这种直接的注视，不应是死死地盯着，当然你更不应去玩那种"居高临下的地视别人"的把戏。真的，你不能也不应该老是盯着与你交谈的人，而要不时地移开一下视线，否则，将会使对方感到极为不安。不过，在转移视线时，不应去看地板，因为这很容易被人视为缺乏安全感和稳定性；也要避免目光游移，因为如果你东张西望，从不让目光在谈话对象身上停留一定的时间，无异于向对方发出了一个红色警告信号："注意，我暗中已有自己的打算。"

应当牢记的能成事之道：

办事成功最需要的是积极的态度，离开这一点，再容易办的事最后都会成为大难题。

67. 与众不同者胜

◎ 能成事的学问

办事要有与众不同的特点，这样才能在最短的时间里让自己"冒尖"。

* * * * * *

随着年岁的增长，一般人更害怕的是自己还没有独特到能引起别人的注意。因此，少年人及青年人最关心的一个问题是："如果我在任何一方面都不特殊的话，又怎能在一群人中显得突出呢？"学校是小孩首度与社会接触的场合，从一开始，它就在两方面向他们挑战。一方面，由于它是现实生活中的一部分，所以他们必须与它妥协，并适应它，不然就会长期感到心情烦闷。另一方面，就这样无声无息地隐没在一大群人当中，也不是大多数青少年所能接受的，他们想使自己在一群人当中脱颖而出的欲望非常强烈。

为了使自己显得独特，一般青少年第一件想做的事，就是使自己与父母"分开"。要使自己和亲友之间产生距离，有许多方法可行，最激烈也最有效的办法就是发怒。对一个和自己有关系的人发脾气，可以暂时切断彼此之间在感情上的联系，然而，这种方法却容易令人感到精疲力竭，而且一旦愤怒的感觉消失，双方的疏远感也逐渐消失。

等和父母分开的程度已到能产生"我们对他们"的心态时，青少年开始处理他们第二件想做的事：在他们所处的社交圈中变得特殊起来。请注意他们行事的顺序——首先是全力寻求独立，然后是不断地努力在公开场合表现自己的个性。

许多青少年把这两件事合起来一起做，我们并不感到惊讶。要达成其中一个目标就已经困难重重，同时达到两者对大多数青少年而言，是非常辛苦的事。在不自觉中，有些人会把这两个目标融合成一件事情看待。这是一个简单、可以理解，但却悲惨的策略，因为有许多人因此再也无法恢复正确的心态。几十年以后，他们仍会追寻其中一个目标，或是另一个目标，他们自己也搞不清楚。

亨利希望自己是个独特、与众不同的人，这并不是他的错，因为每个人都有这个渴望，只是程度上不同罢了。但他在 34 岁时的行事方式却仍和那些 14 岁的少年差不多。在 14 岁那个年龄，青少年的个性还没有发展得很完全，不管他们喜欢与否，他们仍必须依靠他们的父母。所以他们所能做的，只是集中精神在第一个目标上，即借反抗父母来寻求独立。不论他们的父母做什么——或要求他们做什么——他们都会做相反的事。如果他们的父母穿着整齐，则他们会穿得很随便。反之，如果他们的父母穿得像是嬉皮或阿飞，他们可能会随时穿西装、打领带。他们重复采用的方法则是：如果他们这么做，你就采取相反的举动。如果他们因此生气，那就表示你做对了。这是你得知自己在做他们所不愿做的事情的办法，而这正是你知道自己真正独立的办法。

格儿一向就是一个善于表达自己的人。事实上，她比亨利口齿伶俐多了。所以对亨利试图用衣着来达成的目标，她会用语言来达成。两者在办公室里采取的媒介虽然不同，但基本动机是一样的。格儿会等待别人先发表意见，然后再说出相反的意见来。她在工作上所表现的态度可以用几句话来形容："如果你想在听众面前表现出一个独特的自我，你就必须和他们的意见相左，有时态度还得很激烈才行。诚然，他们也许

三　能成事　每一手都极其到位

179

会因为你的立场而不喜欢你，而你也不见得像表面上那么不赞同他们的意见，但如果你主要的目标是想突出自己的话，你显然做到这点了。"

约翰采用的方式和亨利及格儿大同小异，只是更巧妙罢了。虽然他是三者当中最安静也是最不冒失的人，他却可以仅凭别人对他行动的反应来确定这个行动是否有价值。换句话说，别人的反应越激烈，越表示他做对了。如果亨利周围的人每天都和他一样穿着随便，尤其是当老板叫他们全体都穿同样的服装时，那么亨利反而会感到恐慌。如果格儿周围的人都同意她的看法，就像做下属的人经常尝试做的一样，她不吓得跳起来才怪。同样的，如果每个人都赞成约翰的决定，他一定会认为做了可怕的事。旧日怕淹没在众人之中的恐惧一直滞留着，而他们采取的对策也几乎是一成不变的：大胆地反抗别人的立场，好显示出自己的独特性来。不幸的是，这种办法只能收一时之效，一旦那些可供他们攻击的对象不复存在，这种方法便无用武之地了。这时等待的过程再度展开，直到另外一些适当的攻击对象出现为止。

由于他们三个人的确都很喜爱自己的工作，所以他们在不自觉中采用的这种自毁前程的方法，的确令人感到可悲。他们并不是那种一心一意想摧毁工作制度的懒虫。事实上，他们不但喜爱自己的工作，而且每年还快乐地额外为它付出几百个小时的时间。问题是他们的才华及付出的精力并不能从他们的薪水及职位上反映出来。因为在与同事及上司所发生的各种的争吵中，再也没有比他们自己更阻碍自己事业成长的人了。

应当牢记的能成事之道：

与众不同是超人一等的表现。善于办事的人总是在这方面开掘自己的潜力。

68. 敢于肯定自己

◎ 能成事的学问

敢于肯定自己是做好事情的前提。这一点很重要。你是被大多数人忽视了。

* * * * * *

有的人无论对什么事都作否定回答，即使是对上司也是一样。具有这种个性的部下确实让上司感到头疼。

假如上司让你做一件你从来没做过的工作，你会怎样回答？回答："不行，我从没做过，没有信心，还是找别人做吧！"或"我太忙了，请原谅。"这样上司会感到很失望。总是这样回答的话，上司以后无论什么工作都不会放心地交给你去做。相反，如果能这样回答说："我以前没有做过，但请让我试一试。"或"我早就想做一次这样的工作锻炼锻炼自己，太谢谢了！"这样积极的回答，上司会认为你很有前途，以后有什么工作也愿意让你去做，你也就得到了锻炼自己的好机会。

透过上面的对比可以知道：持肯定态度的部下会得到上司的信任和器重，和上司的关系也一定很融洽。相反，持否定态度的部下不会得到上司的信任，人际关系也不可能和谐。

要想和上司建立起和谐融洽的关系，就要养成一个良好的习惯，那就是无论对什么事都要持积极、肯定的态度。当然，上司说的事也有不对的时候，有时你也会产生否定上司意见的想法，可是，绝不能误认为批评能迎合上司的期待。

在上司问道："对这件事，你怎样想的？"如果用评判家似的语言说："我觉得不行。"或"成功的可能性很小。"上司肯定会感到不高兴。要是自己认为不好，应该想一想能够提高成功可能性的具体措施。上司想听到的不是批判性的批评，而是改善性的批评。认为批判性的批评能取悦于上司的部下，一定是一位低水准的部下，永远也不会得到上司的信任和赏识。

应当牢记的能成事之道：

敢于肯定自己是赢得别人信赖的前提。也就是说，你连自己都不相信，还有谁相信你呢？因此，肯定自己是一种积极的个性表现。

69. 善于调整自我

◎ 能成事的学问

懦弱者，永远只能是做次人一等，无法与强手抗衡的人，这是因为他们身上丧失了刚毅的个性。那么该怎样做呢？

* * * * *

（1）学会利用藐视

获取难得之物的最好方法就是对它们不屑一顾。世间之物，苦苦寻觅不见踪影，而稍后，你不必费力，它们却奔涌而来。尘世万物是天国的影子，其得失亦如影子，你追赶它们，它们就逃走，你逃离它们，它们却追逐你而来。藐视也是一种最机警的报复手段。有这么一句智慧的箴言：永远不要用笔来保卫自己，因为这会给你的敌人以可乘之机并使他们出名，而达不到惩罚他们的目的。卑鄙小人常会狡猾地对抗伟人：他们试图间接地由此得到他们根本不配的荣耀。如果杰出人物对他们的对手置之不理的话，那些小人恐怕将永远默默无闻。

应该培养高贵的人品，这样就能使自己超越奴隶的层次。在抱怨自己是他人的奴隶之前，先看看你是否是自己的奴隶。

反省自我，敢于正视自己的心灵，不要对自己放宽要求。你一定会发现，你的心里隐藏着很多猥琐的思想和欲望，和不加思考就顺从的习惯或者行为，这些东西在你平时的行为中比比皆是。

改正这些缺点，不要再做自己的奴隶，这样就没有人能奴役你了。一旦战胜自我，你便能克服所有的逆境，困难也就迎刃而解了。

不要抱怨被富人所压迫。如果你也成为富人，能肯定不压迫别人吗？不要忘了永恒的法则是公平的，今天压迫别人的，日后一定会遭受压迫，绝对不会有例外的。假如你过去曾经富有，而且曾经压迫过别人，按照这条伟大的法则，现在你困苦的处境就是在遭受报应。让永恒的正义、永恒的善良留存心中。

努力摆脱自私与狭隘的思想，去追求无私和永恒的境界。摆脱自己是受害者的错觉，试着去深入了解自己的内心，你就会进一步认识到，伤害自己的其实就是你自己。

在一家大公司的年会上，有一位名叫哈利的老人当场宣布退休，公司董事长首先站起来做一次例行讲话，说一些哈利先生对我们公司多么有价值、有贡献，以及现在他要退休，我们对他多么怀念的话。

"年会结束后，哈利先生说：'在公司呆了那么多年，可谓是劳苦功高，今天晚上光荣退休，真是一个值得纪念的日子。'过了一会，哈利先生却说道："今天我并不快乐，我真是不知道该怎么说才好，这是我一生中最悲伤的夜晚。

今晚我只是坐在那里面对我惨痛的一生而已。我感到自己一事无成，彻底失败了。"

"我将要搬到老人村里去了，住在那里直到老死为止，我有一笔不小的退休金以及社会保险金，这些钱足够我养老了。"他很痛苦地说，"我希望这样的日子很快就来临。

今天晚上，当乔治先生（该公司的董事长）站起来致辞时，你可能无法想象我当时多么悲伤。乔治先生和我一起进入公司，但是他很上进，节节攀升，我却不然。我在公司领到的薪水最高不过7250美元，而乔治先生却是我的10倍，还不包括种种红利以及其他福利在内。每当我想起这件事，我总是认为乔治先生并没有比我聪明多少，他只是不怕吃苦，经得起磨练，能完全投入工作，而我没有做到这一点。

"公司内外有很多机会，我都可能获得晋升的，例如我在公司呆了5年后，有一次公司要我到南方去掌管分公司，但是我自己因为感到无能为力而拒绝了，每次当这种绝好的机会到来时，我总是找一些借口来推托。现在，我退休了，一切都已经过去了，我什么也没有得到，真是往事不堪回首啊。"

在哈利的一生中，他一直游移不定，没有任何实际目标可言。他惧怕真正地面对生活，害怕挺身而出，承担责任，活着只是虚度年华。

哈利先生像无数人一样，把自己判入终身的心理奴隶的牢笼之中。这种奴隶并不限于某一种类型的工作：在办公室中，在商店里，在农场上，以及每一个地方，我们都发现这种奴隶存在。

这些现代的奴隶都是他们自己选择的，而不是被其他人强迫去当奴隶的。他们之所以会选择当奴隶，是因为他们不知道如何去获得解脱，获得自由。

应当牢记的能成事之道：

调整自己才能适应变化，适应变化，你才能把事情做好。

70. 领头而不从众

◎ 能成事的学问

"领头"在成功个性学中专指试图超越他人的一种能力；而"不从众"则指依据自己的个性而做事。

* * * * *

撒切尔夫人原名玛格丽特·罗伯特斯，1925年10月13日出生于英国伦敦西部的格兰汉姆市一家杂货店主的家中，格兰汉姆也是另一位著名英国人牛顿的家乡。

罗伯特斯一家过着俭仆的生活，没有花园，没有浴室，也没有室内卫生间。

玛格丽特是笃信宗教的父亲阿尔弗雷德和做裁缝的母亲比阿特丽的二女儿。在孩提时，玛格丽特深受父亲宠爱，他试图通过女儿的卓越成就实现自己的雄心。玛格丽特更像她父亲，而她姐姐梅丽尔（比她大4岁）更像母亲。因而商人兼州议员和兼职卫理公会传教士的阿尔弗雷德格外宠爱玛格丽特，决心将她塑造成自己理想得以实现的人物，他让她明白她能做自己所希望的一切，从不以性别因素对她加以约束限制。比阿特丽·罗伯特斯是位家庭主妇，对玛格丽特的培养没起多大作用。

阿尔弗雷德·罗伯特斯没有受过正规教育，但深谙世事、深明道理，因此玛格丽特对他言听计从。他嗜书如命，不断追求知识，这一品格传导到了女儿身上。玛格丽特10岁时就经常往来于当地图书馆，替父母借书还书。他们父女也常一起到图书馆选出两本书看一星期，他努力将她培养成一位"领头而不从众"的女性。他塑造她强烈的工作热情和维多利亚式的整体观。

　　罗伯特斯从不接受"我不能"、"这太难"之类的说法。玛格丽特崇拜他,多年以后还记得他的警告:"你必须自己拿主意,你不要因为朋友们的做法而去效仿,你不要因为害怕与众不同而随波逐流……你要率众之先,而绝不从众。"

　　罗伯特斯教育女儿,"与众不同"不是负担而是财富,这是值得赞赏的品格。这种早期的教育成为玛格丽特以后发挥作用的重要因素,她那时面临的是从不曾被女人统治过的男人的世界,她必须在新的"不同的"环境中行事,这是一个女人必须在男人主宰的世界里学会生存的陌生领地。

　　她学习很好,成为如饥似渴的读者,在体育项目中也颇具竞争性。她在格兰汉姆时的女生学校的校长说:"在小女孩时,她便口才出众。"她的一位同学说:"她聪明、刻苦,在5岁时便庄重得像个大人。"

　　玛格丽特5岁时学钢琴,9岁时在当地文艺汇演中赢得诗歌朗诵奖,在赛后女校长表扬她:玛格丽特,你真幸运。玛格丽特充满稚气但又相当认真地说:"我不是幸运,我应该赢得。"因为她深信她是领头人。

　　撒切尔的勃勃雄心在索姆维尔读书时便已显露,一位室友说:"她精力充沛,6※30起床学习,天色很晚才回来。"她总是把一些事情安排得井井有条。玛格丽特在大学时就显示出对化学没有更深的热爱,有人预言她搞化学只能是个二流化学家。但学习化学对于造就撒切尔并非作用全无。学习有助于人们尽可能地寻求解决问题的多种方案,有助于人们把支离破碎的东西组织起来,它还有助于人们运用已取得的结论解决新问题。撒切尔甚至对自己学过化学感到某种自豪,她说,科学和法律教会了我要掌握事实,然后删去假设。

　　就是依靠这种追求卓越的个性,玛格丽特·撒切尔一步一步走进白金汉宫。

应当牢记的能成事之道:

个性不是虚而又虚的东西,而是决定一个人实现人生计划的内在品质。有很多人不能像撒切尔一样,以个性为成事之本,总想去找各种各样的机遇和借口,所以总会像蜗牛一样缓进。

71. 不要让情绪随意乱"喷"

◎ 能成事的学问

人是一种具有思维和感情的动物,所以每个人都有情绪的波动,这也是人和其他动物的不同之处。不过,现实生活中有人控制情绪功夫一流,喜怒不形于色;有人则说哭就哭,说笑就笑,当然,说生气就生气!

* * * * * *

随意哭笑的情绪表现到底是好还是坏呢?有人认为,这是一种"率直"的性格,是一种很可爱的人格特征。这么说也不是没有道理,因为喜怒哀乐都表现在脸上的人,别人容易了解,也不会对他持有戒心,而且,有情绪就发泄,而不积压在心里,这也有利于心理卫生。但说实在的,这种"率直"性格的人实在不怎么适合在现实社会中行走。

之所以这么说,至少有两个理由:

(1) 不能控制情绪的人,往往给人一种不成熟或还没长大的印象。如果你仔细想想,只有小孩子才会说哭就哭,说笑就笑,说生气就生气,这种行为发生在小孩身上,大人会认为这是一种天真烂漫;但如果发生在一个成年人身上,人们就不免会对这个人的人格发展感到怀疑了，就算不当你是神经病，至少也会认为你还没长大。如果你认为这没有多大关系，而且已经这样做过好几年了，或是已经过了30岁，那么别人会对你失去信心，因为别人除了认为你"还没长大"之外，也会认为你没有控制自己情绪的能力，这样的人，一遇不顺就哭，一不高兴就生气，怎能做成大事？这已经和你个人能力无关了。

（2）一个人容易哭，会被他人看不起，被人认为是一种"软弱"，容易生气则会伤害别人。

哭其实也是心理压力的一种缓解，可是人们始终把哭和软弱联系在一起。不过大部分人都能忍住不哭，或是回家再哭，但却不能忍住不生气。其实生气有很多坏处：

①会在无意中伤害无辜的人，有谁愿意无缘无故挨你的骂呢？而被骂的人有时是会反击的；

②大家看你常常生气，为了怕无端挨骂，所以会和你保持距离，你和别人的关系在无形中就拉远了；

③偶尔生一下气，别人会怕你，常常生气别人就不在乎了，反而会抱着"你看，又在生气了"的看猴戏的心理，这对你的形象也是不利的；

④生气也会影响一个人的理性，对事情作出错误的判断和决定，而这也是别人对你最不放心的一点；

⑤生气对身体不好，不过别人对这点是不在乎的，气死了是你自己的事！

所以，在社会上行走，控制情绪是很重要的一件事，你不必"喜怒不形于色"，让人觉得你阴沉不可捉摸。但情绪的表现绝不能过度，尤其是哭和生气。如果你是个不易控制这两种情绪的人，不如在事情发生，并引发你的情绪时，赶快离开现场，让情绪过了再回来，如果没有地方可暂时"躲避"，那就深呼吸，不要说话，这一招对克制生气特别有效！一般来说，年纪越大，越能控制情绪，也不易被外界刺激引动情绪，所以你也不必太沮丧。

你如果能恰当地掌握你的情绪，那么你将在别人心目中呈现一种"沉稳、令人信赖"的形象，你虽然不一定能因此获得重用，或在事业上很快就有很大的帮助，但总比不能控制情绪的人好！

应当牢记的能成事之道：

学会控制自己的情绪，可以有助于你含而不露。你如果有心，也可以学得到。这对你在人生丛林中行走是大有好处的。

72. 有助于成功的三点提示

◎ **能成事的学问**

现代的社会竞争越来越激烈，任何一个行业的从业人员都在急剧增加，想找到一份适合自己理想的工作实在是难乎其难。但是如果从以下方面去做，就能降低难度。

* * * * * * *

（1）更新职业观念

所谓更新职业观念，就是能够正确认识社会现实，正确理解社会中存在的职业，真正理解工作并无高低贵贱之分。只要是社会所需要的，又有利于发挥个人的才能，能体现自身的真正价值并获得自己所需的物质与精神财富的工作，这就是一个合适的工作。

但绝大多数人在自我认识评价上往往很难客观地认识到这一点，因而最终无法找到合适的工作。走出这个误区的最好方法，就是要在更新自己的职业观念的同时，提高自身的素质，使自身水平达到理想工作的要求。

(2) 保持稳定心态

一般情况下，在失业时间比较长时，往往会急于找一份工作，但越急越不容易找到。因为在你十分焦急地寻找工作时，一旦不那么顺利，就可能低声下气地求别人给一份工作，至少会在神情上流露这种意思。这种态度会让招聘者疑心你的能力，他们会认为你是个不称职者，从而就不会任用你。

在找工作时，保持稳定的心态可让人感觉到你并不是因为走投无路才去找工作的，感觉到你还是很有能力的。当有人把你介绍给其他单位时，你应该表明自己的态度，表示自己对现在的工作还是很满意的，但如果有更好的有利于自己的发展机会，还是可以考虑的。如果碰到想用你的公司，你的这一表态不但不会把他们吓倒，反而会增加他们对你的兴趣。

(3) 正确认识理想工作

如果你的理想是成就一番事业，并将会为此理想而不断努力，那么你的职业就应相对稳定些，在找到自己喜欢的工作后，就应以此为起点，一步一步朝着自己的事业目标前进。

如果你只想找到一份生活有保障、有安全感的工作就行了，那么，不要去找挑战性太大的工作，而应该找那种需要安守本分、循规蹈矩的工作。

如果你的目的是为了能够获得收入，那么，只要能获得丰厚的收入，哪怕是一些传统观念中较"低贱"的工作也是适合的。只为收入而工作的人，如果良知未泯的话，最好别去国家行政机关工作，否则很可能会多一个"腐败"分子，因为行政机关工资不高，不"腐败"就赚不到多少钱。一般说来，企业单位或较独立的事业单位的工作是适合这些人做的，个体或临时工作也可以。

总之，在寻找工作时，我们必须充分认识到自己的个性与理想，这样才能真正找到合适的工作。

(4) 拖延是成功的大敌

"立即行动"，这是一个成功者的格言，只有"立即行动"才能将人们从拖延的恶习中拯救出来。

我们每个人在自己的一生中，有着种种的憧憬、种种的理想、种种的计划，如果我们能够将这一切的憧憬、理想与计划，都迅速地加以执行，那么我们在事业上的成就不知道会有怎样的伟大。然而，人们往往有了好的计划后，不去迅速地执行，而是一味地拖延，以致让一开始充满热情的事情冷淡下去，使幻想逐渐消失，使计划最后破灭。

古希腊神话告诉人们，智慧女神雅典娜是在某一天突然从丘比特的头脑中一跃而出的，跃出之时雅典娜衣冠整齐，没有凌乱现象。同样，某种高尚的理想、有效的思想、宏伟的幻想，也是在某一瞬间从一个人的头脑中跃出的，这些想法刚出现的时候也是很完整的。但有着拖延恶习的人迟迟不去执行，不去使之实现，而是留待将来再去做。其实，这些人都是缺乏意志力的弱者。而那些有能力并且意志坚强的人，往往乘着热情最高的时候就去把理想付诸实施。

一日有一日的理想和决断，昨日有昨日的事，今日有今日的事，明日有明日的事。今日的理想，今日的决断，今日就要去做，一定不要拖延到明日，因为明日还有新的理想与新的决断。

拖延的习惯往往会妨碍人们做事，因为拖延会消灭人的创造力。其实，过分的谨慎与缺乏自信都是做事的大忌。有热忱的时候去做一件事，与在热忱消失以后去做一件事，其中的难易苦乐要相差很大。趁着热忱最高的时候，做一件事情往往是一种乐趣，也是比较容易成功的；但在热情消失后，再去做那件事，往往是一种痛苦，也不易办成。

放着今天的事情不做，非得留到以后去做，其实在这个拖延中所耗

三 能成事 每一手都极其到位

191

去的时间和精力，就足以把今日的工作做好。所以，把今日的事情拖延到明日去做，实际上是很不合算的。有些事情在当初来做会感到快乐、有趣，因此，许多大公司都规定，一切商业信函必须于当天回复，不能让这些信函搁到第二天。如果拖延了几个星期再去回复，是最为容易的，但如果一再拖延，那封信就不容易回复了。

命运常常是奇特的，好的机会往往稍纵即逝，有如昙花一现。如果当时不善加利用，错过之后就后悔莫及。

决断好了的事情拖延着不去做，还往往会对我们的品格产生不良的影响。惟有按照既定计划去执行的人，才能增进自己的品格，才能使他人景仰他的人格。其实，人人都能下决心做大事，但只有少数人能够一以贯之地去执行他的决心，而且只有这少数人是最后的成功者。

当一个生动而强烈的意念突然闪耀在一个作家脑海里时，他就会生出一种不可遏制的冲动，提起笔来，要把那意念描写在白纸上。但如果他那时因为有些不便，无暇执笔来写，而一拖再拖，那么，到了后来那意念就会变得模糊，最后，竟完全从他思想里消逝了。

一个神奇美妙的幻想突然跃入一个艺术家的思想里，迅速得如同闪电一般，如果在那一刹那间他把幻想画在纸上，必定有意外的收获。但如果他拖延着，不愿在当时动笔，那么过了许多日子后，即使再想画，那留在他思想里的好作品或许早已消失了。

灵感往往转瞬即逝，所以应该及时抓住，要趁热打铁，立即行动。

更坏的是，拖延有时会造成悲惨的结局。恺撒大帝只因为接到报告后没有立即阅读，迟延了片刻，结果竟丧失了自己的性命。曲仑登的司令雷尔叫人送信向恺撒报告，屋大维已经率领军队渡过特拉华河。但当信使把信送给恺撒时，他正在和朋友们玩牌，于是他就把那封信放在自己的衣袋里，等牌玩完后再去阅读。读完信后，他情知大事不妙，等他去召集军队的时候，已经太晚了。最后全军被俘，连他自己的性命也丧在敌人的手中。就是因为数分钟迟延，恺撒竟然失去了他的荣誉、自由和生命！

有的人身体有病却拖延着不去就诊，不仅身体上要受极大的痛苦，而且病情可能恶化，甚至成为不治之症。

没有别的什么习惯，比拖延更为有害。更没有别的什么习惯，比拖延更能使人懈怠、减弱人们做事的能力。

人应该极力避免养成拖延的恶习。受到拖延引诱的时候，要振作精神去做，决不要去做最容易的，而要去做最艰难的，并且坚持做下去。这样，自然就会克服拖延的恶习。拖延往往是最可怕的敌人，它是时间的窃贼，它还会损坏人的品格，败坏好的机会，劫走人的自由，使人成为它的奴隶。

应当牢记的能成事之道：

要医治拖延的恶习，惟一的办法就是立即去做自己的工作。要知道，多拖延一分，工作就难做一分。"立即行动"，这是一个成功者的格言，只有"立即行动"才能将人们从拖延的恶习中拯救出来。

73. 以退为进，先在心理上满足对方

◎ 能成事的学问

劝说别人特别是那些抱有成见的人，最好的办法就是退一步。在当前劝说受阻的情况下，先暂时退让一下很有好处。退让态度可以显示出你对对方的尊重，从而赢得对方的好感，使其在心理上得到满足，这样再亮出你的观点来说服他们就容易多了。

* * * * * *

　　1805年奥斯特利茨战役和1807年弗里德兰战役中，俄军被法军打得大败，实力大为减弱，刚登基的亚历山大一世为重整旗鼓，与拿破仑展开新的较量。他使用了新的斗争策略，以卑微的言辞讨好对方，处处表示退让的姿态，以屈求伸。

　　为了对付英国，拿破仑也极力拉拢俄国，所以亚历山大一见到他就投其所好："我和你一样痛恨英国人，你对他采取各种措施时，我是你的一名助手。"

　　1808年秋，拿破仑决定邀请亚历山大在埃尔富特举行第二次会晤，这次会晤，是拿破仑为了避免两线作战，以法俄两国的伟大友谊来威慑奥地利。消息传到俄国宫廷，激起一片抗议声。皇太后在给亚历山大的信中说："亚历山大，切切不可前往，你若去就是断送帝国和家族的荣誉，悬崖勒马，为时未晚，不要拒绝你母亲出于荣誉感对你的要求。我的孩子，我奉劝你，及时回头吧。"

　　但亚历山大却认为，目前俄国的力量还不足，还必须伪装同意拿破仑的建议，应该"造成联盟的假像以麻痹之，我们要争取时间妥善做好准备，时机一到，就从容不迫地促成拿破仑垮台。"

　　来到埃尔富特后，亚历山大恭言卑词，在两个星期的会晤中，与拿破仑形影不离。有一次看戏，当女演员念出伏尔泰《奥狄浦斯》剧中的一句台词，"和大人物结交，真是上帝恩赐的幸福"时，亚历山大居然装模作样地说："我在此每天都深深感到这一点。"

　　又一次，亚历山大有意去解腰间的佩剑，发现自己忘了佩带，而拿破仑把自己刚刚解下的宝剑，赐赠给亚历山大，亚历山大装作很感动，热泪盈眶地说："我把它视作您的友好表示予以接受，陛下可以相信，我将永不举剑反对您。"

1812年，俄法之间的利益冲突已经十分尖锐，这时亚历山大认为俄国已做好准备，于是借故挑起战争，并且打败了拿破仑。

事后亚历山大总结经验教训时说："波拿巴认为我不过是个傻瓜，可是谁笑到最后，谁笑得最好。"

以退为进的说服方法在经济谈判中运用的较多，双方谈判如同兵战，能否灵活、娴熟地运用"以退为进"的战术，直接关系到谈判的成败。

美国一家大航空公司要在纽约城建立一座航空站，想要求爱迪生电力公司能以低价优惠供应电力，但遇到婉言谢绝，该公司推托说是公共服务委员会不批准，他们爱莫能助，因此，谈判陷入僵局。航空公司知道爱迪生公司自以为客户多，电力供不应求，对接纳航空公司这一新客户兴趣不浓，其实公共服务委员会并不能完全左右电力公司的业务往来，说公共服务委员会不同意低价优惠供应航空公司电力，那只是遁词。航空公司意识到，再谈下去也不会有什么结果，于是索性不说了。同时放出风来，声称自己建发电厂更划得来。电力公司听到这则消息，立刻改变了态度，立即主动请求公共服务委员会出面，从中说和，表示愿意给予这个客户优惠价格。结果，不仅航空公司以优惠价格与电力公司达协议，而且从此以后，大量用电的新客户，都享受到相同的优惠价格。

在这次谈判中，起初航空公司在谈判毫无结果的情况下耍了一个花招，声称自己建厂，这就是"退"一步，并放出假信息，给电力公司施加压力，迫使电力公司改变态度压价供电。这样航空公司先退一步，后进两步，赢得谈判的胜利。

生活中许多事是不能让的，比如要求上进之类的事，还有学习。但有更多的事是要让人一步的，让人一步不是说你没有自尊，没有骨气，而是你比别人更有勇气，因为让人一步需要有一种超越自我的力量。

就常人而言，生活中必然会跟别人产生矛盾，发生冲突，这是不可避免的，此时就看你怎么来表现。你是跟他拼到底，为了争回你心中所谓的面子，还是能得让人处且让人？受益者说不定还是自己呢！这两种做法反映的就是一个人的涵养、素质。往往在与别人发生冲突时，火气一上来，什么都不管了，骂就骂，打就打，奉陪到底，不然的话我也太没面子，太没勇气了，我这不是白活了。这正是没有涵养，素质差的表现。为了争回所谓的面子，其实你更丢脸。在这种情况下，你应该沉住气，好好想一想你应该如何做，"退一步海阔天空，让一步风平浪静"，你何不让人一步呢？

应当牢记的能成事之道：

能够让别人一步，有时也是一种令人敬仰的人生修养。因为和不如你的人争执，无论输赢，其实你所获得的都是一种失败。

74. 扔掉你过多的目标

◎ 能成事的学问

一个人不成功是因为不会选择目标，你要善于丢弃目标，善于丢弃应该丢弃的目标，你就容易成功。最不成功的人，就是盲目追求新目标的人。

* * * * *

人在一生当中精力旺盛的时间是有限的，但是在追求目标的时候，多数人是不考虑时间的，只是在一味地追求新的目标，也不管它是否适合自己，只要看到新的东西、新的目标就要追求，这样就显得非常盲目地把自己很多宝贵的时间都浪费了，所以我们要在新的目标出现的时候，选择最适当的目标，然后痛快地做出决定，做好取舍，把不重要的目标丢弃，这样我们会明确我们的目标而全力以赴，直到成功，这也等于延长了生命。

不会选择目标，就会犯下很幼稚的错误。大学里的一个朋友在上学的时候，就很好玩，兴趣爱好广泛，只要是新兴起来的东西他都喜欢接触，而独独忽略了自己的学业，正因为他不知孰轻孰重，放弃了本该在学生时代努力追求的东西，抓了那时候不应该全力以赴的东西，所以直到现在在事业上都无法成功，无法和自己的同学相比，每次听别人谈起同龄人的成就时就觉得非常惭愧。

望子成龙，望女成凤，可怜天下父母心。一个6岁孩子的母亲，希望她的孩子多才多艺。但是在给孩子报兴趣班的问题上，却在如何选择上犯了难。她总是拿不定主意，今天想让她学画画，明天想让她学艺术体操，后天又想让她学习钢琴等等，因为没有一个具体可操作的目标，孩子渐渐长大，什么也学了一点，却样样不能精通，在各方面都显得很平庸。与此相反，她的邻居对待这种问题的做法却不一样。因为邻居的孩子最喜欢跳舞，父母便按照孩子的意愿去创造条件，而不管将来孩子能否成为舞蹈家。因为全家人一直朝着这个目标去努力，那个孩子最后果真进入了演艺界且取得了很好的成绩。

正如在去商场买东西这件事上，很多女人本身就爱拿不定主意，每次去商场购物，总爱东挑挑，西看看，总也选不好，有时一天过去了也不见得买到什么东西，这些就是不能明确自己的目标；而男人就不一样了，他们总是直来直去，想买什么，就直奔那个柜台，买完就走，这样反而节省时间，所以在许多问题上男人比女人更容易有主见而做出正确的决定。这也就是为什么很多高级领导都是男人的缘故，因为他们比女人更懂得选择，更懂得如何通过自己的选择达到自己的目标。当然如果作为女性本身能有意改变在选择上的不坚定，她们同样能获得同男人一样的成功。

在中国古人的道德观里，嫁鸡随鸡，嫁狗随狗，女性的美德不在于思想的自主与经济的独立，而在于对丈夫的依从。曾几何时，"依你，""随你，"成为多少女人的口头禅。也正是这个词造就了千古以来多少人生与婚姻悲剧。这一点是值得所有的女人注意的。

作为女人，更应该懂得放弃的道理，不要过多注意那些无关的目标，世上事没有最好的，只有相对而言的更好。只要从中选出你喜欢的，这就是你的成功。一味地苛求最好最完满，最后得到的只能是遗憾。

做一个会选择的人很重要。当你不知如何选择的时候，或者你手头的选择太多的时候，切莫呆在原地浪费时间，不如边走边选，至少你不会错过人生最大的精彩。

苏格拉底的"如何寻找最大麦穗论"就是教我们如何选择的：在一块麦田里先走上三分之一的路，观察麦穗的长势、大小、分布规律，在随后的三分之一的田地里选定一个相对最大的，然后从容走完剩下的三分之一。即使在这三分之一里面还有更大的麦穗，按照规律来说也不至于令你太过遗憾了，总比一上来就匆匆选定，或者行程快结束了才胡乱抓一个更具有科学性，更能使人心安理得。

应当牢记的能成事之道：

大家都听说过黑瞎子掰玉米的故事，它只顾贪多，最后走出玉米地的时候，腋下没有剩下一个玉米。苏格拉底的"寻找最大麦穗论"是选择的技巧，也是放弃的智慧。有时候你的目标太多，不妨扔掉一些，这样选择对你而言才会是快乐而不是苦恼。

75. 永不放弃

◎ 能成事的学问

如果你有了问题，而且是特别难以解决的问题，可能让你懊恼万分。这时候，有一个永远适用的基本原则。这个原则非常简单——坚持永远不放弃的个性。

* * * * * *

放弃必然导致彻底的失败。而且不只是手头的问题没解决，还导致人格的最后失败，因为放弃使人形成一种失败的心理。

如果你所用的方法不能奏效，那就改用另一种方法来解决问题。如果新的方法仍然行不通，那么再换另一种方法，直到你找到解决眼前问题的钥匙，只要继续不断地、用心地循着正道去寻找，你终会找到这个钥匙的。

鲍比有个朋友，他习惯在午餐桌上的餐巾纸上画图，说明他的意思。他说有个人曾面临着很困难的问题，但最后创造了了不起的成绩。

餐巾纸上的图是一个人面对一座高山。"他怎样才能到山的那一边去？"鲍比的午餐同伴问他。

"绕过去。"鲍比回答说。

"山太宽广了。"

"好吧，从山脚下打个隧道过去。"鲍比提议。

"不行，山太深厚了。办法是这样的，他的心智上跨越了那座山。如果人能设计出飞越 4 万尺高的大山的机械，他也可以想出一套可以提升他的想法，使他能超越任何巨大如山的困难。"

"比尔，这个想法真是高超，我很久以前就读过这种想法：'无论任何人对这座山说，你挪开此地，投在海里。他若心里不惑，只信他所说的，山必挪开投在海里……'"

"是的，就是这种观念。"他热烈地表示同意，"你只要动脑筋，不要动情绪，并且坚持这个原则——轻易放弃总是嫌太早。"

最近鲍比接到一封很鼓舞人的信，写信的人就成功地运用了这个原则。他告诉鲍比，几年以前他研究出一种供活动房屋用的预铸墙壁系统，他组成了一家公司，把他所有的钱都投入进去。但是这种墙壁却不够坚固，一经移动就垮了。公司遭遇一连串的困难，他的合伙人要求他关掉公司。但是他不放弃。

他是有积极想法的人，具有"牢不可破"的信心，也可以说他有打不倒的性格。他认为这些困难打不垮他，他说："我压根儿就没想过'放弃'这两个字。"因此，他用心做合理的、深入的思考，苦思冥想找出了办法。只要你不惊慌失措，能够用心去想，总会想出办法的。他决定设计出一套预铸地板系统，来配合他的预铸墙壁系统。他成功了，一家制造活动房子的大公司买下了他的设计。他写信告诉鲍比这前后情形，并且提出了这句了不起的话："轻言放弃总嫌太早。"

应当牢记的能成事之道：

我们都曾经一再看到不能坚持永不放弃个性者的不幸，他们有目标，有理想，他们工作，他们奋斗，他们用心去想，但是由于过程太艰难，他们愈来愈倦怠、泄气，终于半途而废。到后来他们会发现，如果他们能再坚持久一点，如果他们能更向前瞻望，他们就会得到结果。

76. 立即行动

◎ 能成事的学问

大多数的人，在开始时都拥有很远大的理想，因缺乏立即行动的个性，理想于是开始萎缩，种种消极与不可能的思想衍生，甚至于就此不敢再存任何理想，过着随遇而安、乐天知命的平庸生活。这也是为何成功者总是占少数的原因。你是否真心愿意在此刻为自己的理想，认真地下定追求到底的个性，并且马上行动？

＊ ＊ ＊ ＊ ＊

有一个幽默大师曾说："每天最大的困难是离开温暖的被窝走到冰冷的房间。"他说的不错。当你躺在床上认为起床是件不愉快的事时，它就真的变成一件困难的事了。即使这么简单的起床动作，亦即把棉被掀开，同时把脚伸到地上的自动反应，都可以击退你的决心。

那些大有作为的人物都不会等到精神好的时候才去做事，而是推动自己的精神去做事的。

"现在"这个词对成功的妙用无穷，而用"明天"、"下个礼拜"、"以后"、"将来某个时候"或"有一天"，往往就是"永远做不到"的同义词。有很多好计划没有实现，只是因为应该说"我现在就去做，马上开始"的时候，却说"我将来有一天会开始去做"。

我们用储蓄的例子来说明好了。人人都认为储蓄是件好事。虽然它很好，却不表示人人都会依据有系统的储蓄计划去做。许多人都想要储蓄，只有少数人才能真正做到。

这里是一对年轻夫妇的储蓄经过。毕尔先生每个月的收入是1000

美元，但是每个月的开销也要 1000 美元，收支刚好相抵。夫妇俩都很想储蓄，但是往往会找些理由使他们无法开始。他们说了好几年："加薪以后马上开始存钱"、"分期付款还清以后就要……"、"度过这次困难以后就要……"、"下个月就要"、"明年就要开始存钱。"

最后还是他太太珍妮不想再拖。她对毕尔说："你好好想想看，到底要不要存钱？"他说："当然要啊！但是现在省不下来呀！"

珍妮这一次下决心了。她接着说："我们想要存钱已经想了好几年，由于一直认为省不下，才一直没有储蓄，从现在开始要认为我们可以储蓄。我今天看到一个广告说，如果每个月存 100 元，15 年以后就有 18000 元，外加 6600 元的利息。广告又说：'先存钱，再花钱'比'先花钱，再存钱'容易得多。如果你真想储蓄，就把薪水的 10% 存起来，不可移作他用。我们说不定要靠饼干和牛奶过到月底，只要我们真的那么做，一定可以办到。"

他们为了存钱，起先几个月当然吃尽了苦头，尽量节省，才留出这笔预算。现在他们觉得"存钱跟花钱一样好玩"。

想不想写信给一个朋友？如果想，现在就去写。有没有想到一个对于生意大有帮助的计划？马上就开始。时时刻刻记着班哲明·富兰克林的话："今天可以做完的事不要拖到明天。"这也就是我们中国俗话所说的："今日事，今日毕。"

如果你时时想到"现在"，就会完成许多事情；如果常想"将来有一天"或"将来什么时候"，那就一事无成。

应当牢记的能成事之道：

梦想是成功的起跑线，决心则是起跑时的枪声。行动犹如跑步者全力的奔驰，惟有坚持到最后一秒的，方能获得成功的锦标。

77. 面对做不了的事情

◎ 能成事的学问

怎样去面对做不了的事情呢？这是一个大多数人都关心的问题，因为在人生中，遭遇此种情况一定是为数不少。

* * * * * *

在美国经济大萧条最严重时，在多伦多有位年轻的艺术家，他全家靠救济过日子，那段时间他急需要用钱。此人精于木炭画，他画得虽好，但时局却太糟了。他怎样才能发挥自己的潜能呢？在那种艰苦的日子里，哪有人愿意买一个无名小卒的画呢？

他可以画他的邻居和朋友，但他们也一样身无分文。惟一可能的市场是在有钱人那里，但谁是有钱人呢？他怎样才能接近他们呢？

他对此苦苦思索，最后他来到多伦多《环球邮政》报社资料室，从那里借了一份画册，其中有加拿大的一家银行总裁的正式肖像。他回到家，开始画起来。

他画完了像，然后放在相框里。画得不错，对此他很自信。但他怎样才能交给对方呢？

他在商界没有朋友，所以想得到引见是不可能的。但他也知道，如果想办法与他约会，他肯定会被拒绝。写信要求见他，但这种信可能通不过这位大人物的秘书那一关。这位年轻的艺术家对人性略知一二，他知道，要想穿过总裁周围的层层阻挡，他必须投其对名利的爱好。

他决定采用独特的方法去试一试，即使失败也比主动放弃强，所以他敢想敢做。

203

他梳好头发、穿上最好的衣服,来到了总裁的办公室并要求见见他,但秘书告诉他:事先如果没有约好,想见总裁不太可能。

"真糟糕,"年轻的艺术家说,同时把画的保护纸揭开,"我只是想拿这个给他瞧瞧。"秘书看了看画,把它接了过去。她犹豫了一会儿后说道:"坐下吧,我就回来。"

她马上就回来了。"他想见你。"她说。

当艺术家进去时,总裁正在欣赏那幅画。"你画得棒极了,"他说,"这张画你想要多少钱?"年轻人舒了一口气,告诉他要 25 美元,结果成交了(那时的 25 美元至少相当于现在的 500 美元)。

为什么这位年轻艺术家的计划会成功?

(1)他刻苦努力,精于他所干的行业。

(2)他想象力丰富:他不打电话先去约好,因为他知道那样做他会被拒绝。

(3)他敢想敢做:他不想卖给邻居,而是去找大人物。

(4)他有洞察力:他能投总裁对名利的爱好,所以选择了他的正式肖像是明智的,他知道这肯定对总裁的口味。

(5)他有进取心:做成生意后,他又请银行总裁把他介绍给他的朋友。

他敢于另辟蹊径,在采取行动前研究市场,认真估计第一笔生意后的事,他成功了。还有,他不害怕去做那些"做不了的事情"。

当你敢做某事并取得成功时,那很少是走运的结果,而更可能是富有想象的思考和仔细的安排的产物。

最勇敢的事迹之一应该是 1927 年美国飞行家林白的首次单独不着陆横越大西洋。林白当时 25 岁,冷静地用自己的生命去打赌,他赢得了看起来是不可能的一搏。

起飞前他度过了一个不眠之夜。他从纽约长岛驾驶着一架单引擎飞机起飞了，这架飞机里挤满了汽油桶，几乎没有他坐的地方，汽油的重量使得飞机负担太重，在从纽约飞往巴黎的途中，想空降那是不可能的。

一路上大雾遮住了他的视线，当时没有无线电让他同地面保持联系，他拥有的只是一只指南针。好几次他都睡着了，醒来时才发现飞机只有几米距离就触海了。通过计算，他在起飞三十三个小时后就横越了大西洋，在巴黎机场安全降落了。人们欢声雷动，这种热情的场面实属空前盛况。

是勇敢吗？真不敢相信是这样。

是鲁莽蛮干吗？绝对不是。

为了这次飞行，林白做了为期几年的准备工作，训练自己，准备自己的飞机"圣路易精神号"。他从威斯康星大学退学出来学习飞行，加入了飞行训练队；他得到空军批准，可以在闲余时间进行飞行；他作为美国航空邮政飞行员在白天黑夜、晴天雨天都飞行，行程多达几万英里；他曾遇过险情，飞机被迫降在农田里；他学会修理飞机引擎并懂得每个零件的工作原理。

"幸运的林白，"新闻媒介这样称呼他，"他敢打赌而且赢了。"他们这样说。不！他的成功不是因为他走运，而是因为在冒险之前，他准备了自己，准备了飞机，而且是尽了最大努力。他相信自己能够发挥潜能，能成功，他知道惟一能打败他的只有命运的捉弄，这是我们任何人都无法控制的。

所以在他有了准备后，他才敢作敢为。事实上，我们也能这样做。

应当牢记的能成事之道：

相信自己，准备充分，就可以攻破难关。

78. 掌握顺势而变与借势跳跃

◎ 能成事的学问

顺势发展就是顺应社会发展的趋势，使你的事业和社会发展保持同步，这样就可以在社会发展的时候，顺势发展壮大自己的事业。

* * * * *

1865年，美国南北战争宣告结束。北方工业资产阶级战胜了南方种植园主。

后来的美国钢铁巨头卡耐基，他预料到，战争结束之后经济复苏必然降临，经济建设对于钢铁的需求量便会与日俱增。

于是，他义无反顾地辞去铁路部门报酬优厚的工作，合并由他主持的两大钢铁公司——都市钢铁公司和独眼龙钢铁公司，创立了联合制铁公司。

同时，卡耐基让弟弟汤姆创立匹兹堡火车头制造公司和经营苏必略铁矿。

上天赋予了卡耐基绝好的机会。

美国击败了墨西哥，夺取了加利福尼亚州，决定在那里建造一条铁路，同时，美国规划修建横贯大陆的铁路。

几乎没有什么投资比铁路更加赚钱了。

联邦政府与议会首先核准联合太平洋铁路公司，再以它所建造的铁路为中心线，核准另外三条横贯大陆的铁路线。

一条从苏必略湖，横穿明尼苏达，经过位于加拿大国界附近的蒙达拿西南部，再横亘洛基山脉，到达俄勒岗的北太平洋铁路。

第二条是以密西西比河的北奥尔巴港为起点，横越过得克萨斯州，经墨西哥边界城市埃尔帕索到达洛杉矶，再从这里进入旧金山南太平洋铁路。

第三条是由坎萨斯州溯阿色河，再越过科罗拉多河达到圣地亚哥的圣大菲。

但一切远非如此简单，纵横交错的各条相连的铁路建设申请纷纷提出，竟达数十条之多，美洲大陆的铁路革命时代即将来临。

"美洲大陆现在是铁路时代、钢铁时代，需要建造铁路、火车头和钢轨，钢铁是一本万利的。"卡耐基这样思索着。

不久，卡耐基向钢铁发起进攻。

在联合制铁厂里，矗立起一座22.5米高的熔矿炉，这是当时世界最大的熔矿炉，对它的建造，投资者感到提心吊胆，生怕将本赔进去后根本不能获利。

但卡耐基的努力让这些担心成为杞人忧天，他聘任化学专家进厂，检验买进的矿石、灰石和焦炭的品质，使产品、零件及原材料的检测系统化。

在当时，从原材料的购进到产品的卖出，往往显得很混乱，直到结账时才知道盈亏状况，完全不存在什么科学的经营方式。卡耐基在经营方式上大力整顿，贯彻了各层次职责分明的高效率的概念，使生产力水平大为提高。

同时，卡耐基买下了英国道兹工程师"兄弟钢铁制造"专利，又买下了"焦炭洗涤还原法"的专利。卡耐基获得了成功。

卡耐基就是准确地把握住了机会，在美国战争刚一结束，就预料到社会的发展趋势，所以他顺应这一趋势，及时地调整自己的事业中心，抓住机遇，使自己的事业一举成功。

卡耐基不仅创造了顺势发展自己事业的奇迹，而且，他还是借势发展自己事业的高手，巧借不同的形势来为自己服务，在别人不敢为时，他敢于借机发展自己的事业。

1873年，经济大萧条的境况不期而至。

银行倒闭、证券交易所关门，各地的铁路工程支付款突然被中断，现场施工戛然而止，铁矿山及煤山相继歇业，匹兹堡的炉火也熄灭了。

卡耐基断言："只有在经济萧条的年代，才能以便宜的价格买到钢铁厂的建材，工资也相应便宜。其他钢铁公司相继倒闭，向钢铁挑战的东部企业家也已鸣金收兵。这正是千载难逢的好机会，决不可失之交臂。"

在最困难的情况下，卡耐基却反常人之道，打算建造一个钢轨制造厂。

他走进股东摩根的办公室，谈出了自己的新打算：

"我计划进行一个百万元规模的投资，建贝亚默式5吨转炉两座，旋转炉一座，再加上亚门斯式5吨熔炉两座……"

"那么，工厂的生产力会怎样呢？"摩根问道。

"1875年1月开始工作，钢轨年产量将达到3万吨，每吨制造成本大约69元……"

"现在钢轨的平均成本大约是110元，新设备投资额是100万元，第一年的收益就相当于成本……"

"比股票投资还赢利。"卡耐基补充了一句。

股东们同意发行公司债券。

工程的进度比预定的时间稍微落后。1875年8月6日，卡耐基收到了第一个订单，2000吨钢轨。熔炉点燃了。

每吨钢轨的制成劳务费是8.26元，原材料40.86元，石灰石和燃料费是6.31元，专利费1元，总成本不过才56.6元。

这比原先的预计便宜多了。卡耐基兴奋不已。1881年，卡耐基与焦炭大王费里克达成协议，双方投资组建佛里克焦炭公司，各持一半股份。

同年，卡耐基以他自己三家制铁企业为主体，联合许多焦炭公司，成立了卡耐基公司。卡耐基公司的钢铁产量占全美的七分之一，正逐步向垄断型迈进。

1890年，卡耐基兄弟吞并了狄克仙钢铁公司之后，一举将资金增到2500万美元，公司名称也变为卡耐基钢铁公司。不久之后，又更名为钢铁企业集团。

卡耐基的成功则与他善于抓住有利时机密切相关。

有人把机遇称为运气，不管称谓如何，有一点是绝对正确的，善于利用机遇比怨天尤人更为有益。卡耐基就是在社会停止发展时，借这个机会来发展自己的事业，这是需要超人的智慧和胆识的，在别人看到不是机会的时候，他看到了机会，结果，他成功了。

美国石油大王洛克菲勒，创业开始的时候，财力、物力、人才十分有限，但他梦想垄断炼油和销售，可他自然不是其他石油公司的对手。洛克菲勒的合伙人佛拉格勒颇有心计，建议道："原油产地的石油公司在需要的时候才用铁路，不需要的时候置之不理，十分反复无常，致使铁路上经常没有生意可做，一旦我们与铁路公司定下合约，每天固定运输多少石油，他们一定会给我们打折扣。这打折扣的秘密只有我们和铁路知道，这样的话，别的公司只有在这场运价抗争中落荒而逃，整个石油界就成了我们的天下。"洛克菲勒选择了霸主之一、贪得无厌的凡德毕尔特为合作对象，最后双方达成协议：洛克菲勒以每天订60辆车合同的条件换取每桶让七分的利润。

低廉的运费带来的是销售价的下降，进而使销路得到迅速拓宽。从此洛克菲勒飞黄腾达，向世界最大的集团经营企业迈进。洛克菲勒身为弱者，如果和对手面对面竞争，必然是以卵击石，他巧妙地借助第三者铁路霸主的力量，以低廉的运价占据运输的优势，挤跨同行的竞争，实现了小鱼吃大鱼，垄断石油经济的愿望。

应当牢记的能成事之道：

顺势发展和借势发展，是两种不同的发展方式，什么时候用什么方式完全取决于自己的实际情况，不可盲目地照搬使用，只能从实际情况出发，灵活运用。

79. 找到属于自己的捷径

◎ 能成事的学问

做任何事是否有捷径呢？当然，我们不妨先把这里所说的捷径称为"另辟蹊径"。有一个著名的故事，可以明确地告诉我们什么叫另辟蹊径。

* * * * *

一个星期六的早晨，牧师在准备第二天的布道内容。那是一个雨天，妻子出去买东西了，而小儿子又在吵闹不休，令牧师烦恼不已。

最后，这位牧师在失望中拾起一本旧杂志，一页页地翻阅，一直翻到一幅色彩鲜艳的图画——一幅世界地图。

他从那本杂志上撕下这一页，再把它撕成碎片，丢在地上，对儿子说："小约翰，如果你能拼拢这些碎片，我就给你1元钱。"儿子答应了。

牧师以为这件事会使儿子花费一上午时间。没想到，不到10分钟，儿子就来敲他的房门了。牧师惊愕地看到儿子如此之快地拼好的那幅世界地图。

"孩子，这件事你怎么做得那么快？"牧师问道。

"这很容易。在图画的背面有一个人的照片。我就把这个人的照片拼到一起，然后把它翻过来。我想，如果这个人是正确的，那么，这个世界也就是正确的。"

牧师笑了，给了儿子1块钱。"你也替我准备好了明天的布道。"他说。"如果一个人是正确的，那么他的世界也就会是正确的。"

牧师的思路是不错的。如果要把这些碎片拼成世界地图，确实需要大半天的时间。可是他儿子却发现了一条捷径，从而省力省功。这不能不算是一个小小的发明，这条捷径就叫作另辟蹊径。

另辟蹊径，不仅能够使本来复杂的问题变得简单明了，而且更是我们认识世界，创造成就的"蹊径"。它往往意味着改变传统的思路。

100多年前，一个20多岁的德国犹太人随着淘金人流，来到美国加州，这个犹太人就是日后名闻遐迩的"牛仔裤之父"李威·斯达斯。他看见这里的淘金者人如潮涌，心想如果自己也参与进去，未必就能捞到多少油水。于是灵机一动，想靠做生意赚这些淘金者的钱。他开了间专营淘金用品的杂货店，经营镢头、做帐篷用的帆布等，前来光顾的人不少。

一天，有位顾客对他说："我们淘金者每天不停地挖，裤子损坏特别快，如果有一种结实耐磨的布料做成的裤子，一定会很受欢迎的。"

李威抓住了顾客的需求，凭着生意人的精明，开始了他的牛仔裤生涯。刚开始时，李威把他做帐篷的帆布加工成短裤出售，果然畅销，采购者蜂拥而来。李威靠此发了大财。

首战告捷，李威马不停蹄，继续研制。他细心观察矿工的生活和工作特点，千方百计改进和提高产品的质量，设法满足消费者的需求。考虑到帮助矿工防止蚊虫叮咬，他将短裤改为长裤；又为了使裤袋不致在矿工把样品放进去时裂开，特将裤子臀部的口袋由缝制改为用金属钉钉

三　能成事每一手都极其到位

牢；又在裤子的不同部位多加了两个口袋。这些点子，都是在仔细观察淘金者的劳动和需求的过程中，不断地捕捉到并加以实施的，使产品日益受到淘金者的欢迎，销路日广。

由于牛仔裤的式样源于"下层"百姓，因而尽管它受到广大矿工和青年人的热烈欢迎，但能否打入城市呢？

经过一次的失败之后，李威根据侦察结果，对症下药，认为上层社会排斥牛仔裤的原因，主要是因为它来自社会的下层，对上流人士是一种触犯。为此，李威利用各种媒介大力宣传牛仔裤的美观、舒适，是最佳装束，甚至把它说成是一种牛仔裤文化。这些铺天盖地的宣传，把牛仔裤"庸俗"、"下流"的斥责打得大败而逃。于是，牛仔裤在各阶层中牢牢地站稳了脚跟，并在美国市场上纵横驰骋，继而冲出国界，风靡全球。

在美国加州淘金热潮中，不靠淘金，而经营别的营生，并成功致富的有很多例子。同李威·斯达斯一样，17岁的小农夫亚默尔也加入了这支庞大的寻金热的队伍。他历尽千辛万苦赶到加州，经过一段时间，他同大多数人一样，没有挖到一两金子。

淘金梦是美丽的，山谷中艰苦的生活却令淘金者难以忍受。特别是当地气候干燥，水源奇缺，寻找金矿的人最痛苦的是没有水喝。许多人一面寻找金矿，一面不停地抱怨。

一个淘金者说："谁让我痛饮一顿，我宁愿给他一块金币。"另一个说："谁给我喝一壶凉水，我情愿给他两块金币。"还有一个发誓说："老子出三块金币。"

在一旁的亚默尔见这些人发完牢骚又继续埋头挖掘起金矿来，自己停住了手中的铁锹。他想：如果我把水卖给这些人喝，也许比挖金矿能更快地赚到钱。于是，亚默尔毅然放弃找金矿，将手中挖金矿的铁锹变为挖水渠的工具，从远方将河水引入水池，经过细沙过滤，成为清凉可口的饮用水，然后将水装在桶里，运到山谷一壶一壶地卖给找金矿的人。

当时，有人嘲笑亚默尔，说他胸无大志，他们似乎都没有细想亚默尔选择的出发点。亚默尔毫不介意，继续卖他的饮用水。结果，许多人深入宝山空手而回，有些人甚至忍饥挨饿，流落异乡，而亚默尔却在很短的时间内靠卖水赚到了6000美元，这在当时可是一笔十分可观的财富呀。

因为任何地方都存在机会，而如果一个地方只有你一个人，岂不是所有的机会都属于你？所以，与众不同才是高明的成功者。

许多人在追求机会的道路上，虽穷尽心力，但终究得不到幸运女神的青睐，对于这种人，最好的劝导就是令他另辟蹊径。

机会虽然比比皆是，但追求机会的人更是浩如繁星，在人们所熟知的职业行业事业中，机会和追求机会的人之间的比例是严重失调的，可惜，许多人虽然意识到了这一点，却还是拼死要往里钻，结果不但没能得到命运的垂青，反而浪费了自己的大好青春。事实上，在每一个地方，都有机会的存在，善于抓住机会的人，就懂得往人少的地方去，如果某个地方只有你一个人，那岂不是意味着这里所有的机会都只是属于你一个人吗？独辟蹊径，将使你的人生有更好的亮丽风景。

有的人，在某一思维领域是一条虫，到了另一思维领域则成了一条龙，职业的选择，也同此理。下面的这个例子也说明了上面的道理：

查朱原来是美国一个乡下小火车站的站员。由于车站偏僻，购物困难，而且价格偏高，附近的人们常常要写信请在外地的亲友代买东西，非常麻烦。查朱想：如果能在附近开一个店铺，一定会得到一个发财的机会。可是，他既没有本钱，也没有房子，怎么办呢？他决定尝试用一种新的、无人知晓的邮购方法，既先将商品目录单寄给客户，然后按客户的要求寄去商品。他雇了两名职员，成立了"查朱通信贩卖公司"。

此后，人们纷纷仿效，并从美国风靡到全世界，查朱也成为"无店铺贩卖"方式的创始人，当然，作为创始人的回报就是在五年之后，查朱成为了百万富翁。

你要想另辟蹊径去获得成功、获得机会，应该从上述成功的经验中吸取有益的启示。首先，要能在平常的事情上思考求变。能够另辟蹊径的人，其思维富有创造性，善于从习以为常的事物中图新求异，主动反常逆变，去认识世界，改造世界。

其次，要不为现行的观点、做法、生活方式所牵制。巴尔扎克说："第一个把女人比作花的是聪明人，第二个再这样比喻的人，就是庸才了，第三个人则是傻子了。"

现行的汽车防盗系统国内外已有不少，许多厂家使尽浑身解数仍然不尽如人意。总参某炮兵研究所青年工程师杨文昭在广泛吸取国内外同类产品的优长的同时，大胆创新，另辟蹊径，运用双密码保险、抗强电磁干扰、无电源持续报警和声控自动熄火等新技术，研究出了汽车防盗系列产品，被定为首家"国标"产品。敢于向现行的成果和规则挑战，独闯新路，使杨文昭获得了机会，也获得了成功。

再次，要留意他人，学习他人，但一定要有自己独到的见解。抱着"他山之石可以攻玉"的想法，盲目模仿他人的经验，并不能获得成功。要养成独立思考的习惯，自己在观察事物、观察别人成功经验的同时，独创出自己之所见。

第四，要别出心裁。"大家都想到一块去了"，这并非都是良策。满天飞的广告词尽是"实行三包"、"世界首创"、"饮誉天下"，效果如何呢？美国一家打字机厂家的广告语："不打不相识"，一语双关，顾客趋之若鹜。

应当牢记的能成事之道：

只要动脑筋，你的脚下就是捷径。

80. 从多项选择中挑一个最好的

◎ 能成事的学问

人生是一个多项选择的过程，在各种选择中找到自己的强项，是非常有必要的。

* * * * *

即使会引起家庭纠纷，但仍然要奉劝年轻朋友们：不要只是因为你家人希望你那么做，就勉强从事某一行业，除非你喜欢。不过，你仍然要仔细考虑父母所给你的劝告。他们的年纪可以比你大一倍。他们已获得那种惟有从众多经验及过去岁月才能得到的智慧。但是，到了最后分析时，你自己必须作最后决定。将来工作时，会快乐或悲哀的是你自己。

上面已说了那么多，现在可以替你提供下述建议——其中有一些是警告——以便你选择工作时作参考：

第一，阅读并研究下列有关选择职业的建议。这些建议是由最权威人士提供的。由美国最成功的一位职业指导专家基森教授所拟定。

①如果有人告诉你，他有一套神奇的测验法，可指示出你的"职业倾向"，千万不要找他。这些人包括摸骨家、星相家、个性分析家、笔迹分析家。他们的法子不灵。

②不要听信那些说他们可以给你作一番测验，然后指出你该选择哪一种职业的人。这种人根本就已违背了职业辅导员的基本原则，职业辅导员必须考虑被辅导人的健康、社会、经济等各种情况；同时他还应该提供就业机会的具体资料。

③找一位拥有丰富的职业资料藏书的职业辅导员，并在辅导期间妥为利用这些资料和书籍。

④完全的就业辅导服务通常要面谈二次以上。

⑤绝对不要接受函授就业辅导。

第二，避免选择那些原已拥挤的职业和事业。在美国，谋生的方法共有二万多种以上。想想看，二万多！但年轻人可知道这一点？除非他们雇一位占卜师的透视水晶球，否则他们是不知道的。结果呢？在一所学校内，三分之二的男孩子选择了五种职业——二万种职业中的五项——而五分之四的女孩子也是一样。难怪少数的事业和职业会人满为患，难怪白领阶层之间会产生不安全感、忧虑和"焦急性的精神病"。特别注意，如果你要进入法律、新闻、广播、电影以及"光荣职业"等这些已经过分人满为患的圈子内，你必须要费一番大功夫。

第三，避免选择那些维生机会只有十分之一的行业。例如，兜售人寿保险。每年有数以千计的人经常是失业者——事先未打听清楚，就开始贸然兜售人寿。根据费城房地产信托大楼的富兰克林·比特格先生的叙述，以下就是此一行业之真实情形。在过去二十年来，比特格先生一直是美国最杰出而成功的人寿保险推销员之一。他指出，百分之九十首次兜售人寿保险的人都会又伤心又沮丧，结果在一年内纷纷放弃。至于留下来的，十人当中的一人可以卖出十人销售总数的百分之九十，另外九个人只能卖出百分之十的保险。换个方式来说：如果你兜售人寿保险，那你在一年内放弃而退出的机会比例为九比一；留下来的机会只有十分之一。即使你留下来了，成功的机会也只有百分之一而已，否则你仅能勉强糊口。

第四，在你决定投入某一项职业之前，先花几个礼拜的时间，对该项工作做个全盘性的认识。如何才能达到这个目的？你可以和那些已在这一行业中干过十年、二十年或三十年的人士面谈。

这些会谈对你的将来可能有极深的影响。乌尔从自己的经历中了解到这一点。乌尔在二十几岁时，向两位老人家请教职业上的指导。现在回想起来，可以清楚地发现那两次会谈是他生命中的转折点。事实上，如果没有那两次会谈，他的一生将会变成什么样子，实在是难以想象。

如果你很害羞，不敢单独会见"大人物"，这儿有两项建议，可以帮助你。

①找一个和你同龄的小伙子一起去。你们彼此可以增强对方的信心。如果你找不到跟你同龄的人，你可以请求你父亲和你一同前往。

②记住，你向某人请教，等于是给他荣誉。对于你的请求，他会有一种被奉承的感觉。记住，成年人一向是很喜欢向年轻的男女提出忠告的。你所求教的职业指导师会很高兴接受这次访问。

如果你不愿写信要求约会，那么不须约定，就可直接到那人的办公室去，对他说，如果他能向你提供一些指导，你将万分感激。

假设你拜访了五位职业指导师，而他们都太忙了，无暇接见你（这种情形不多），那么你再去拜访另外五个。他们之中总会有人接见你，向你提供宝贵的意见。这些意见也许可以使你免去多年的迷失和伤心。

记住，你是在从事你生命中最重要且影响最深远的两项决定中的一项。因此，在你采取行动之前，多花点时间探求事实真相。如果你不这样做，在下半辈子中，你可能后悔不已。

如果能力许可，你可以付钱给对方，补偿他半小时的时间和忠告。

第五，克服"我只适合一项职业"的错误观念！每个正常的人，都可在多项职业上成为成大事者，相对地，每个正常的人，也可能在多项职业上失败。

应当牢记的能成事之道：

选择准备是办事成功的始端。盲目的选择，只能导致失败的后果。

81. 将自己所有的力量
都集中于一个地方

◎ 能成事的学问

　　一个只有一项才能的人，如果能专心于一个明确的目标，他就能比那些有 10 项才能然而却将自己的精力分散，不明白自己到底正在做什么的人获得更大的成就。世界上最弱小的生物，如果能将自己所有的力量都集中于一个地方，它也能有所作为；然而最强大的生物，若将自己的力量分散在许多地方，也许最终它什么都做不了。

* * * * *

　　一个伟大的决心是逐渐积累起来的；而且，就像一块大磁铁一样，它能吸引在生命的过程中一切与之类似的东西。

　　一个美国人能用很多种方法将两条绳子结在一起；而一个英国的水手却只知道一种方法，但这种方法就是最好的方法。只有那些专一的人，那些观察力敏锐的人，那些有着独一无二但又非常强烈的决心的人，那些思想单纯的人，才能突破道路上的障碍，稳步前进到队伍的最前列。在从前培根能够把自己的知识扩展到世界的各个领域，现在那样的日子已经一去不复返了。过去在巴黎大学，但丁能同时与 14 个与自己意见相左的人争辩，并且击败了所有的人，现在这已经不可能了。那些一个人能够同时从事十几个行业并且都获得成功的日子已经过去了。集中自己的精力是现在这个世纪的主旨。

　　科学家们推算出只要把在 50 英亩的土地上的阳光集中起来，就能产生巨大的能量，大到足够供给世界上所有机器的能源。但是也许照在地面上的太阳光永远不会点燃地面上的任何一样东西。尽管用放大镜来集中这些阳光射线，就连坚固的花岗石也会熔化，或者甚至让钻石变成气体。有很多人都拥有足够的能力，他们自己能力的"射线"要是分别看来还是不错的，但是他们无力去把这些"射线"集中在一起，从而让所有的能量聚集到一个地方。多面手，万事通，通常都是很弱小的，因为他们没有办法让自己的才能聚集到一个点上，而这就是成功和失败之间的差距。

一位旅行者告诉我们，位于维也纳皇家墓地的那个失望心碎的国王·约瑟夫二世的墓碑上刻着这样的墓志铭："这里沉睡的是一位有着最伟大目标的君王，但是他却从来没有完成过自己的计划"。

詹姆斯·马金托什爵士是一个拥有杰出能力的人。他的伟大设想让无数的人兴奋不已。很多人感兴趣地注视着他的事业，希望有朝一日他的光芒能照亮整个世界。但是他本人却在生活中没有决心。他凭着一些时有时无的热情去做大事，但是他的热诚在自己决定到底做什么之前就消失得无影无踪了。他性格中致命的缺陷让他在各种矛盾的冲突中徘徊不前，因此他把自己的一生都这么浪费掉了。他缺乏选择一个单一的目标并为之坚持到底的能力，缺乏消除各种影响目标实现的因素的能力。比如说，他曾经有一次因为不知道在他的文章中到底应该用"功用"还是"效用"这两个词中的哪一个而犹豫了好几个星期。

集中在一个方向使用的某项才能要比分散使用的十项才能更有用。在步枪里面，子弹后面那一点点火药比起一整车没有密封的火药杀伤力更大。步枪的枪管就像我们心中的决心一样，能为火药指引方向。如果没有枪管，不管点燃的火药质量有多好，那也是没有用的。在学校和学院里最差劲的学者在某些情况下经常比一些大学者们拥有更大的成就，仅仅是因为他们把自己有限的才能放在了一个明确的目标上面，而那些大学者们依仗着自己出色的综合能力和美妙的前景，从来不知道该怎么集中自己的力量。

现在似乎很流行去嘲笑那些一心一意的人，然而那些站在世界最前列改变了整个世界的人都是只有一个单一目标的人。在如今这个专长的时代，如果一个人不是一心一意，没有保持一贯的态度，保持一贯的热情，那么他是不可能出名的。一个人要想在这个熙熙攘攘的星球上让别人知道他的成就，一个人要想突破现代文明中坚固的保守主义，他就必须把自己所有的目标全部集中在一点上。经常改变的目标，不断动摇的决心，在这个世界是找不到生存的一席之地的。"精神上的动摇"是很多失败教训的原因。世界上有很多不成功的人，他们失败的原因都是想用空桶从枯井中打水。

"A先生经常嘲笑我，"一位年轻的美国化学家说，"因为我总是一心一意地做事情。而他自己对每件事情都有自己的见解，而且还立志要做到在很多领域都出类拔萃。但是我认为，如果我想要有所突破的话，我就不断地把我所有的能力都集中在一点上面。"这位伟大的化学家，当时还只是一名默默无闻的教师，当时还在一间小木屋里面学习，用松树的节瘤来照明。没过几年，他就已经在英国的伯爵面前演示电磁原理的试验了，最后他成为了当时国内最大的科学院的领袖。他就是华盛顿史密森学会的已故的亨利教授。

歌德曾说，如果我们不可能精通使用自己的一种才能直至达到完美的时候，那么我们就不应该使用它。如果非得要去加强这种才能，那么我们通常都会发现，当这种才能的优点最后展示在我们面前的时候，我们会因为在这种无聊的事情上面浪费的时间与精力都太可惜了。一句老话说得好："精通于一项生意的人能养活一个妻子和七个孩子，而精通于七项生意的人连他自己都难养活。"

只有一心一意的人才能胜利。有着众多野心的人很少在历史上留名。他们没有足够持久地集中自己的力量，因此就没有办法在名人录里面刻下自己的名字。尽管爱德华·埃弗雷特拥有令人惊叹的才能，他还是让所有对他有所期待的朋友们失望。他让自己涉猎整个知识的领域和上等社会的文化领域；然而一提起埃弗雷特的名字不会让人们像提起加里森和菲利普斯那样联想到一些伟大的成就。伏尔泰把法国人拉哈普称为一个永远都在燃烧的炉子，但是这个炉子从来没有用来煮过任何东西。哈特利·科尔里奇天生有着过人的天赋，但是在他的性格之中有一个致命的缺陷——他没有明确的目标，因此他的一生都伴随着失败。他就像水一样不稳定，因此没有任何专长。科尔里奇的叔叔索西评论他说："科尔里奇有两只左手。"他一直独自生活在自己的梦境当中，因此他对外界有一种病态的畏缩。甚至在自己打开一封别人写给他的信的时候，他都没法控制使自己的双手不颤抖。他也曾经努力从毫无目标的生活中脱离出来，决心摆脱从镜子里面看到自己的脸的时候大脑里的空白，但是就像詹姆斯·马金托什爵士那样，他一直到自己的生命终结都仅仅是个有希望的人，而没有什么成就。

应当牢记的能成事之道：

成功的人都有自己的计划。他能找到自己的目标并为之坚持到底。他做出计划，并且实行计划。他径直奔向自己的目标。每次当他前进的道路上出现了困难的时候，他不会被强迫着选择这条路；如果他不能克服这个困难的话，他就会停下来好好查看一下这个困难。持续地把自己的才能集中在一个中心目标上，会给自己带来巨大的力量。反之，如果没有目标地滥用自己的才能，这样只会削弱自己的力量。一个人的思想必须钉在一个明确的目标上面，就像一部机器没有平衡轮那样，最后会自行散架。

82. 贪恋速成者都会跌得鼻青脸肿

◎ 能成事的学问

凡做大事者，忍耐是必备的精神品质；缺乏忍耐者，心中都贪恋速成，其劣势所在是注重眼前利益，不顾长远目标，甚至一遇到挫败，就会丧失进取心，而彻底绝望。

* * * * *

亚历克斯从事计划顾问多年了，他的年薪超过30万美元。有一次午宴上，当同行问他为什么他赚的钱远比他的同事多。他想了会儿，回答说："我由弱而强的奇迹全靠五步秘诀，而且我想这五步对其他人也一样有效。"

同行们请他谈一谈是哪五步，于是亚历克斯向人们讲述他的诀窍。

首先，我有恒心深入调查，了解情况。我对地方商业界的消息很灵通，哪个人被提升我都一清二楚。哪家公司有潜能、有发展，我也了如指掌。无论开会、聊天、度假，我都在搜集资料。我对年轻的公司，特别是那些对年金或利润分红计划有兴趣的公司最有经验——那是我的专长。

第二步是有恒心打电话找公司里的高级经理。首先我向他解释我的身份来历，我的公司，我的资格以及我擅长的投资事业。然后我会要求预约详谈。通常我都能如愿以偿，因为我一向坦诚。我从不利用欺骗来取得拜访顾客的机会。

第三步是有恒心登门拜访——我称之为出诊。谈话之间，我尽可能地了解顾客的投资计划、他的性情、职业以及个人背景。我很少谈到我自己和公司的事情,而我提出的问题足以向他证明我很在行。

通常在谈话结束时,还没有具体的计划产生,可我已经敲开一扇门了。

第四步是,在拜访之后以个人名义有恒心写无数短信,告诉顾客很高兴与他见面,我们公司正在研究制定具体方案。这封私人信件很有效,它是一种诚意的表示。而且会让顾客觉得自己特殊而重要。在这个电子计算机的时代,大家动不动就寄出表格,这样做只能收到相反的效果。

第五步,发出信后,隔了三四天我就有恒心再打电话过去。首先再一次向他致意,然后表示我愿竭力效劳,帮他成为成功的投资者。最后我再要求订一次约会时间。

当我第二次见客户时,我随身带了几个方案去。多数不会有什么结果,可我绝不强求。我的打算是建立长远的关系。

成功的销售和钓鱼一样,如果你太急躁,鱼儿都吓跑了。而我若是主动表示时间太局促,不好起草合同,特别是关系到大笔金额时,顾客就会愿意再考虑跟我合作的可能性。

第二次见面后,事情就好办多了,我可以打电话或亲自与顾客来讨论计划。我会随时与顾客保持联系,直到成交为止。有时要磨上好几年工夫,然而机会一到,我就会签上五六个合同。

帕克是一个非常有趣的人,他已经80高龄了。他有一个了不起的太太、几个子女和一大群孙子及曾孙子。此外,他还是个富豪。他说:"我不太清楚自己有多少财产,不过我想不止3亿美元吧。"

在过去的20年里,他有一个好朋友和合作伙伴罗斯。最有趣的一件事是罗斯帮助帕克准备自传。帕克并不想将自己一生的传奇公诸大家,只打算为后世子孙留下几条关于如何致富,享受人生的道理。

罗斯之所以同意这件差事,完全是想好好研究一下这个老人。他想知道一个寒微出身，只上过三个学期大学的人，如何能拥有油田、大厦、购物中心、土地、钻石、黄金、保险和其他财富。

更令人好奇的是，为什么如此有钱的人住的地方却不怎么样，开一辆用了六年的旧车，衣服都是百货公司的拍卖品。

一天上午，罗斯和帕克正在讨论他的自传时，帕克开口道："罗斯，今天我打算告诉你关于我赚钱的哲学，你再把它写在我的书上，让我的后代子孙都能了解我的意思。"

罗斯答应他一定全力以赴，他们就此开始。

"我赚钱一向遵守四个原则。"帕克说，"第一个原则是在有恒心经营时，不要受制于钱。很久以前我就学到了，如果你崇拜金钱，就会被它毁掉。所以在这方面，我一向捐出所有收入的 10% 以上给教堂或其他慈善机构。等我过世后，会有更多财产捐出去做有意义的事。"

"你瞧，"帕克继续说，"我让自己跳出了赚钱的恐怖，并没有花掉它。有些人会拿钱去跑马、赌博，可是我的运动就是赚钱而已。我用财产的累积来衡量自己的成就。"

"可是你不觉得这有些狭隘浅薄吗？"罗斯问。"一点也不。"帕克解释说，"你看，当我在赚钱时，我也在帮助别人过得更好。我纳了不少税，这也等于帮助了别人。就我的观点来看，纳税只是做生意的一种代价。现在，我再跟你讲一些具体的例子，让你看看我在赚钱时怎么帮别人的忙。拿我在那布拉斯加的油田做例子吧，我帮助那些投资人赚了不少钱，我也替开采公司和他们的员工赚钱，还有输油管工人，提炼商和零售商，他们也都蒙受其利。进一步说，在冒险寻找油田时，对于抑制原油价格上涨也不无小补。然而我并没有受金钱的挟制，相反地，我能控制它。"

"你第二个赚钱的原则又是什么？"罗斯问他。

"一句话。"帕克回答，"就是要有受苦的恒心。我想，粉碎大多数人淘金梦的致命伤，最主要的就是急躁。当我年轻时，我存了1万块钱。在那个时候，对我来说，那是一笔为数不小的钱。后来我遇见一个看来精明能干，能说善道的股票经纪商，他告诉我如果我拿1万元跟他合作投资的话，照他那一套手腕，保证30个月内回收100万块。我就像个天真的年轻傻瓜一样，听信他那一套。结果三个月后，有一回我度假回来，才发现我的户头里一毛钱不剩，都给我那个杰出的经纪人糟踏光了。可是这1万元却是我做过的投资中最大的一笔，即使在哈佛、耶鲁和普斯林顿三个学校修上三个学位，只怕也不能把得失金钱的法子教得这么透彻。"他大笑。

"第三个原则呢？"罗斯问。

"等等。"帕克回答，"第二个原则我还没讲完呢！我真不知道如何强调恒心的重要性才好。一旦你知道如何运用它，钱就会自动跑到你的钱包里去了。到现在，我搞赚钱这行业已经搞了60年，30岁之前我的财产净值100万，等到40岁时，已经有了500万。接下去的十年里，又跳到3000万。等我60岁时，已经有8000万了。现在，在近20年内，8000万又涨成3亿元。"

然后帕克岔开主题，向罗斯说："你知道吗？我总觉得，学校里没有教会孩子们资本的意义实在很糟糕，他们大部分人只是以为那就是拿来花掉的钱。然而完全不是这么回事，所谓资本就是用来滚钱的钱。"

"还有另一件事小孩子也没学到，那就是只要你懂得投资的门径，资金就会增加，"帕克继续说，"1万美元投资利润12%，只要在30年内，它就会滚成30万到40万之间。"

帕克停了一会又往下说："现在来谈谈我的第三个原则：永远不要在投资上赌博，但要有恒心投资的策略。自从我丢了1万元，上过那次当后，我便从此立稳脚跟，每件事都经事先研究过才做。你知道我盖的那一座购物中心吧？在决定建造之前，我私下做过三次研究，我要确定那真是个好地段才行。投资挖石油时,我也做过同样的事。我请了一个地质学家——到所能找到的最好的一个地方去勘测土地,看看那地方的潜能高不高。所以,千万不要去赌博,每项投资都要尽可能小心翼翼地研究过。我略微估计一下,在20笔上门来的生意中,我起码会刷掉19笔。

"现在我再来告诉你我的第四个原则,是感情上的事:必须恒心绝不要利用那些你邀来一道投资的人。不管我再怎么小心,偶尔也会有项投资失败。我还记得,20年前就发生过这种事。那时我碰到了一个机会,是笔十拿九稳的不动产生意。有一座中型城市计划兴建飞机场,我的不动产专家说,他们有99%的把握,肯定它会建在什么地方。所以我就筹措了一家联合组织,在那附近买了些不动产,保证适合兴建旅馆、餐厅和机场其他辅助设施。我相当肯定这笔生意一定大有可为,就鼓励我的秘书和她的先生也投资一点。他们对我很信任,因此就倾其所有,投资了1.5万元。"

"结果,"帕克说,"市议会决定机场建在城里的另一边,我们的投资就此全部泡汤了。我良心上很过意不去,因为把我的秘书夫妇也牵连了进去,而他们是冒不起任何风险的。当我知道投资损失惨重时,我立刻签给秘书夫妇一张支票,把他们的投资额都还回去了。从此之后,我就不会再邀那些负担不起损失的人来投资了。"

简言之,帕克的赚钱原则可以写成如下四点:

(1)恒心经营,享受赚钱的乐趣,可是不要受制于钱;(2)要培养受苦的恒心;(3)要有恒心投资的策略,但永远不要在投资上赌风险,尽量在事前调查清楚;(4)恒心不要让那些冒不起风险的人受到伤害。

应当牢记的能成事之道:

做任何事情都必须要有恒心,不能贪恋速成,否则就会一事无成。

83. 走不通的路，就立即收住脚步

◎ 能成事的学问

人生总会碰到许多走不通的路，在这个时候，你应当换个角度考虑问题，重新操作。成大事者的习惯是：如果这条路不适合自己，就立即改换方式，重新选择另外一条路子。

* * * * *

我们形容顽固不化的人常说他是"一条路上跑到底"，"头碰南墙不转弯"。这些人有可能一开始方向就是错误的，他们注定不会成大事。南辕北辙，背道而驰固然不行，方向稍有偏差，就会"差之毫厘，谬以千里"。还有一种可能是当初他们的方向是正确的，但后来环境发生了变化，他们不适时调整方向，结果只能失败。杜邦家族就懂得这个道理，他们懂得随机应变。"我们必须适时改变公司的生产内容和方式，必要的时候要舍得付出大的代价以求创新。只有如此，才能保证我们杜邦永远以一种崭新的面貌来参与日益激烈的市场竞争。"这是一位杜邦权威对他的家族和整个杜邦公司的训诫。事实正是如此，世界上很少有几家公司能在为了创新求变而开展的研究工作上比杜邦花费更多的资金。每天，在威尔明顿附近的杜邦实验研究中心，忙碌的景象尤如一个蜂窝，数以千计的科学家和助手们总是在忙于为杜邦研制成本更低廉的新产品。数以千万计的美元终于换来了层出不穷的发明：高级瓷漆、奥纶、涤纶、氯丁橡胶以及革新轮胎和软管工业的人造橡胶。这里还产生了使干花市场发生大变革的防潮玻璃纸，以及塑料新时代的象征——甲基丙烯酸。也正是在这里研制成了使杜邦赚钱最多的产品——尼龙。

1935年,杜邦公司以高薪将哈佛大学化学师华莱士·C·卡罗瑟斯博士聘入杜邦。此时卡罗瑟斯已研制了一种人造纤维,它具有坚韧、牢固、有弹性、防水及耐高温等特性。卡罗瑟斯走进杜邦经理室时说:"我给你制成人造合成纤维啦。"杜邦的总裁拉摩特祝贺卡罗瑟斯博士取得大成就的同时,微笑着说:"杜邦永远都需要像博士这样善于创新的人。继续努力吧,博士,我们需要更能赚钱的产品。"于是,卡罗瑟斯用了杜邦2700万美元的资本,用了他自己9年的心血,研制出了更能适应杜邦商业需要的新产品——尼龙。世界博览会上,杜邦公司尼龙袜初次露面就立刻引起了巨大的轰动。

一个真正的企业家不仅要有经营管理的才能,更需要有一种商业预见能力。正如杜邦第6任总裁皮埃尔所言:"如果看不到脚尖以前的东西,下一步就该摔跤了。"的确,在日趋激烈的商业竞争中,如果没有一定的眼光,不能作出比较切合实际的预见,那企业是很难发展下去的。

第一次世界大战使杜邦很快地捞了一大笔,然而,杜邦并没有被暂时的超额利润所迷惑住,早在大战初期,皮埃尔就已意识到天下没有不散的筵席,战神阿瑞斯总有一天要收兵,不再撒下"黄金之雨",于是他开始使公司的经营多样化,一方面他紧盯着金融界,一心要打入新的市场,开辟新领域;另一方面他必须为杜邦公司开辟一块有着扎实根基的新领域。几经斟酌,皮埃尔选定了化学工业作为杜邦新的发展方向,他要将杜邦变成一个史无前例的庞大化学帝国。

"我们不能在求变创新的同时把企业引向死胡同;我们的创新变革必须有相当的依据。"皮埃尔如此说,事实上他的选择也正印证了这一点。杜邦之所以将军火生产转向了化学工业,一则因为化学工业与军工生产关系密切,转产容易,不必作出重大的放弃行为,而且将来一旦烽火再起,返回生产军火也很方便,不需太大变动;二则其他行业大多被各财团瓜分完毕，惟有化学工业比较薄弱，且潜力极大。事实上，杜邦家族第二代50年的经营化工用品而发迹的家族史就证明了这一转变是极为成功的。

也许是杜邦家族财大气粗的缘故吧，杜邦公司求变创新的主要途径便是不惜重金，但求购得。杜邦不仅要买新产品的生产方法，还要买产品的专利权，甚至连新产品的发明者也一并买回为杜邦效力。1920年杜邦与法国人签订了第一项协议，以60%的投资额与法国最大的粘胶人造丝制造商——人造纺织品商行合办杜邦纤维丝公司，并在北美购得专利权。在法国技术人员的指导下，杜邦家族在纽约建立了第一家人造丝厂。人造丝的出现，引起了从发明轧棉机以来纺织工业的最大一次革命，导致了1924年以后棉织业的衰落。杜邦公司又赶紧买进法国人的全部产权，以微小的代价，购得了美国国家资源委员会在1937年列为20世纪六大突出技术成就中的一项，与电话、汽车、飞机、电影和无线电事业居于同等重要的地位。接着，杜邦公司如法炮制，将玻璃纸、摄影胶卷、合成氨的产权买回美国，一个真正的化学帝国建立起来了。

当第二次世界大战的乌云在欧洲云集的时候，杜邦公司的一次"以变求发展"，大转换速度之快足以令人望而却步。一年之间，杜邦公司召集了300个火药专家，将庞大的化学帝国变成了世界上最大的军火工业基地。

杜邦在生产内容和方式上的创新及前面讲过的形象改变，是杜邦家族命运得以保持辉煌的关键，否则，他们一家早在人们的骂声中败落了。

应当牢记的能成事之道：

走不通的路，就一定要收住脚；否则就会掉进悬崖中去。